蜂产品加工与应用

张红城　蒋　慧　等　编著

科　学　出　版　社
北　京

内 容 简 介

为了更好地推动我国蜂产品加工业健康有序发展，同时使我国广大蜂业工作者能够更全面、系统地了解和掌握蜂产品加工相关理论与技术，本书将科学研究与生产实践相结合，集中阐述了蜂蜜、蜂王浆、蜂胶、蜂花粉等蜂产品的主要成分、生产加工工艺、鉴伪技术手段、成品贮存方法、功能及其应用等方面的内容。

本书可供广大蜂产品消费者和蜂农阅读、使用，也可为从事相关专业研究的科研人员、从事蜂产品开发的企业技术人员等提供参考。

图书在版编目（CIP）数据

蜂产品加工与应用 / 张红城等编著. —北京：科学出版社，2018.3

ISBN 978-7-03-056867-0

Ⅰ.①蜂… Ⅱ.①张… Ⅲ.①蜂产品-加工 Ⅳ.①S896

中国版本图书馆 CIP 数据核字（2018）第 048896 号

责任编辑：陈 新 高璐佳 / 责任校对：赵桂芬

责任印制：赵 博 / 封面设计：北京铭轩堂广告设计有限公司

科学出版社 出版

北京东黄城根北街 16 号

邮政编码：100717

http://www.sciencep.com

北京凌奇印刷有限责任公司印刷

科学出版社发行 各地新华书店经销

*

2018 年 3 月第 一 版 开本：B5（720×1000）

2025 年 1 月第 三 次印刷 印张：11 1/4

字数：225 000

定价：98.00 元

（如有印装质量问题，我社负责调换）

《蜂产品加工与应用》编著者名单

主要编著者： 张红城　蒋　慧

其他编著者： 孔令杰　徐　响　李　恒
相光明　田洪芸　王光新
罗照明　乔江涛　赵亮亮
刘印康

前　言

中国是世界第一养蜂大国，拥有丰富的蜜粉资源，蜂群总数近 900 万群，数量位居世界第二，年产蜂蜜可达 40 万 t、蜂王浆 4000t、蜂花粉 5000t、蜂胶 300t，蜂产品总产量在世界上位居首位。然而需要注意的是，在中国蜂业产业链中，蜂产品加工业是限制中国蜂业发展的重要环节。由于受到蜂产品加工业规模小、技术水平低、产品竞争能力弱等因素的制约，我国虽是国际养蜂大国和出口大国，却无法成为出口强国。因此，要想扭转这种窘境，就必须大力发展蜂产品加工技术，加速蜂业的结构调整，加快蜂产品的转化与增值，把我国蜂业所具有的资源优势转化为商品优势。进而加快促进农业产业的结构调整，增加农民收入，提高农作物产量并改善其品质。

相较于其他农产品，蜂产品具有其独特的优点。①天然性：在国际上“蜂产品”被公认为是“天然的健康产品”。②功效性：研究表明，蜂产品对人类健康可发挥其独特的功效性，且效果明确，历史悠久。③安全性：蜂产品来源于大自然，并已有上千年被人类食用的历史，被认为具有很高的安全性。由此可见，蜂产品所具有的优势使其有着广阔的市场开发前景。因而，大力发展蜂产品加工新技术，提高蜂产品质量，对实现蜂业的跨越式发展、增强产业国际竞争力具有十分重要的意义。

为了使广大消费者、蜂产品加工者及蜂农能够充分了解蜂产品加工的有关理论、知识与方法，同时也为了提高蜂产品的加工品质，维护蜂产品的市场秩序，本书主要针对各种蜂产品的成分、生产加工工艺、鉴伪技术手段、成品贮存方法等方面进行扼要介绍，希望能够对该领域的发展有一定的帮助。

本书共分八章，由张红城、蒋慧担任主要编著者，参加编著的人员分工如下：蒋慧、李恒（第一章），乔江涛、赵亮亮（第二、第三章），王光新、罗照明（第四章），孔令杰、刘印康（第五章），张红城（第六章），徐响（第七章），相光明、田洪芸（第八章）。

由于编著者水平有限，书中不足之处恐难避免，敬请同行专家和广大读者提出宝贵意见，批评指正。

编著者

2017 年 10 月

前言

目　　录

第一章 蜂产品行业现状及发展趋势

第一节 我国蜂产品生产与出口现状

一、情况概述

我国是世界养蜂大国，养蜂业历史悠久。作为农业的重要组成部分，养蜂业在新中国成立后得到了党和政府的重视而飞速发展。我国饲养蜂群由1949年的50万群发展到2015年的901万群，占世界蜂群总量的1/9。我国对蜂产品全面科学的研究始于新中国成立初期，经历了漫长、曲折的发展历程，目前，我国蜂产品行业处在平稳发展阶段，产品质量稳步提升，但不管是养蜂业还是蜂产品加工行业，其发展都面临着很多的挑战，完成从数量型向效益型的转型升级任重道远。

蜂产品是蜜蜂在生殖繁衍过程中形成的有益物质，包括蜂蜜、蜂王浆、蜂花粉、蜂胶、蜂蜡、蜂毒、蜂幼虫、蜂蛹等。其中，蜂胶仅限用于保健食品，作为食品消费的主要有蜂蜜、蜂王浆和蜂花粉。近年来，我国蜂产品产量、出口量一直稳居世界前列。2008年以来，我国蜂蜜年产量均在40万t以上，约占世界总产量的1/4，出口量占世界蜂蜜贸易总量的1/4；蜂王浆年产量为3000～4000t，产量、出口量稳居世界第一；蜂花粉年产量为3000～5000t，出口量占世界的90%以上（宋心仿和祁海萍，2008）。

二、蜂产品生产及出口状况

（一）蜂蜜生产及出口现状

我国蜂蜜年产量2006年为33.26万t，2015年达47.73万t，9年提高了43.51%，占世界蜂蜜总产量的1/4以上，居世界首位。2006～2015年我国蜂蜜年产量详见图1-1。

我国蜂蜜年产量的提高很大程度上得益于国家相关部委的重视，以及相关政策的扶持。2010年初，国家发展和改革委员会与交通运输部联合发出通知，将转地放蜂运输纳入绿色通道管理，免费通行。2010年底，农业部发布了《全国养蜂业“十二五”发展规划》，这是新中国成立以来首次发布的养蜂业规划。2012年农业部、财政部联合发出通知，明确将养蜂专用平台列入补贴范围。这一系列的政策、措施有力地促进了我国养蜂业的发展，带动了整个蜂产品行业的发展。

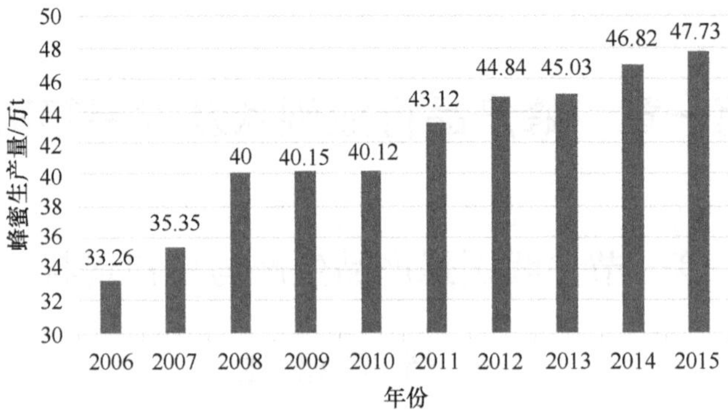

图 1-1　2006～2015 年我国蜂蜜年产量（来自国家统计局数据）

我国一直是蜂蜜出口大国，出口产品以原料为主，主要出口日本和欧盟等国家或地区，出口集中度高。2006～2015 年我国蜂蜜年出口量详见图 1-2。

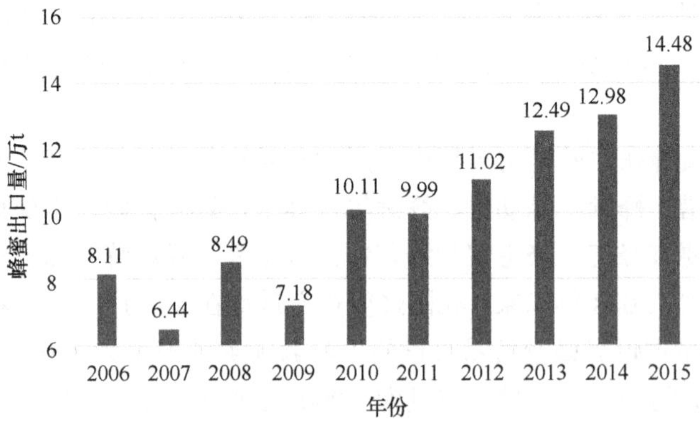

图 1-2　2006～2015 年我国蜂蜜年出口量（来自国家统计局数据）

2006 年、2007 年我国蜂蜜出口量仅次于阿根廷，居世界第二，这主要是受欧盟禁运、内销市场需求增加、阿根廷扩大蜂群数量等因素影响的结果，2008 年以后出口量再次超过阿根廷，居世界第一。受国际金融危机的影响，2009 年蜂蜜出口价格下跌，数量减少，出口企业受到了很大的影响。2010 年至今我国一直保持着全球蜂蜜出口大国的优势，年出口量基本上保持在 10 万 t 以上，并稳步增长，约占世界蜂蜜贸易总量的 1/4。

（二）蜂王浆生产及出口现状

我国蜂王浆产量、出口量一直稳居世界第一。1956 年，我国首次生产出蜂王浆，20 世纪 80 年代蜂王浆全塑台基条的研制成功，以及后来高产浆蜂的推广应用，极大地推动了我国蜂王浆产业的发展。到 2005 年蜂王浆产量已达 3000t，占世界总产量的 90%以上。2010 年蜂王浆年产量达到历史最高值，约 4000t，之后受市场需求及气候条件等因素的影响，蜂王浆年产量一直维持在 3000t 左右。我国的蜂王浆产业是典型的出口外向型产业，日本是主要的出口市场。

（三）蜂花粉生产及出口状况

我国蜂花粉的商业化生产始于 20 世纪 80 年代初，2009 年产量达到 4000t，2010 年出现较大幅度的减产，年产 3000 多吨，2015 年蜂花粉产量为 5000 多吨；2010 年出口量为 850t 左右，近几年我国蜂花粉出口量持续上升，2015 年出口量达到 2269t，约占总产量的 45%，同比上升 25.5%。我国蜂花粉出口量占世界出口量的 90%以上，以原料蜂花粉为主，主要出口韩国、美国、墨西哥等国家。

第二节　我国蜂产品存在的质量问题与发展趋势

一、情况概述

近年来我国蜂产品质量总体较好，抽检合格率高于抽检食品的平均合格率，但兽药残留和蜂蜜掺假问题一直影响着我国蜂产品行业的健康发展。

蜂产品国家监督抽检中涉及的项目主要有品质指标、食品添加剂、污染物、兽药残留、微生物等。2015 年国家监督抽检，共抽检蜂产品 2584 个批次，合格率为 95.5%；2016 年国家监督抽检，共抽检蜂产品 9755 个批次，合格率为 96.8%。蜂产品合格率处于较高水平。

蜂蜜涉及的不合格项目主要有氯霉素、果糖和葡萄糖、微生物指标、防腐剂、甜味剂等；蜂王浆涉及的不合格项目主要有 10-羟基-2-癸烯酸（10-HDA）、防腐剂等；蜂花粉涉及的不合格项目只有铅；蜂产品制品涉及的不合格项目主要有果糖和葡萄糖、甜味剂、10-羟基-2-癸烯酸等。

二、质量安全问题

我国蜂产品质量存在的主要问题是兽药残留和蜂蜜掺假问题。这两个问题严重影响了我国蜂产品行业的健康发展，目前还没有得到有效的控制（刁青云等，2008）。

（一）兽药残留

自 2002 年初欧盟以浙江舟山地区的冻虾仁氯霉素含量超标为由，暂停从中国进口供人类消费或用作动物饲料的动物源性产品开始，其他国家也纷纷对我国出口蜂产品等动物性食品提出了严格的兽药残留限量，我国蜂产品出口企业损失惨重。2002 年底，国家农业部修订、发布了农业部公告第 235 号《动物性食品中兽药最高残留限量》，将氯霉素列入所有食品动物禁用兽药名单，对蜂蜜中氟胺氰菊酯、双甲脒制定了残留限量要求。列入农业部公告第 193 号《食品动物禁用的兽药及其它化合物清单》中所有食品动物禁用的兽药还有硝基呋喃类等。

农业部将对人体健康危害大、国外重点监测、国内有滥用倾向的氯霉素、磺胺类、氟喹诺酮类、硝基咪唑类、硝基呋喃类代谢物、四环素类共 6 类兽药列入蜂产品兽药残留监控计划，2014～2016 年农业部畜禽及蜂产品兽药残留监控计划检测结果显示，连续 3 年蜂产品 6 类兽药残留均有超标的情况。

造成蜂产品兽药残留超标的首要原因就是蜜蜂养殖环节兽药使用不规范，应加大对蜂农养殖用药的培训，并提倡科学的养殖方式，饲养强群，减少用药。同时应加大科研力度，培育抗病力强的蜂种，并研发新型蜂药以应对长期使用同种蜂药产生的抗药性。

（二）蜂蜜掺假

蜂蜜掺伪造假几乎成为业内公开的秘密，掺假蜂蜜以极低的价格严重扰乱了蜂蜜市场，影响了整个蜂产品行业的健康发展。蜂蜜掺伪造假具有规模化、技术手段隐蔽的特点，从十多年前的掺白糖，到掺甘蔗糖浆、玉米糖浆，到大米糖浆，再到甜菜糖浆、木薯糖浆、小麦糖浆等，蜂蜜掺假的手段随着检验技术的不断提高而改进。

蜂蜜掺伪造假手段主要有 3 种方式：①直接使用果葡糖浆造假。直接使用果葡糖浆（如玉米糖浆、大米糖浆、甜菜糖浆），香精，色素等勾兑，生产符合标准 GB 14963—2011 的“指标蜜”。果葡糖浆的价格为 3000 元/t 左右，与 15 000 元/t 左右的原料蜜相比，掺伪造假利润空间极大。②使用果葡糖浆掺假。为降低成本，在蜂蜜中掺入一定比例的果葡糖浆。③用“低价蜜”冒充“高价蜜”。用价格较低的杂花蜜或单花蜜（如油菜蜜）掺入高价格的单花蜜（如洋槐蜜、枣花蜜）中，冒充高价单花蜜或直接以杂花蜜、混合蜜、调和蜜的形式出售。

蜂蜜掺假的主要环节在原料蜜供应商，也有少数企业和蜂农存在掺假的问题。由于养蜂生产的特性，对于大部分企业，直接去蜂场收蜜存在很大的难度，供应商解决了企业的这一难题，但由于利益的驱使及操作的便利，供应商会存在蜂蜜掺假的行为。

对于掺假蜂蜜的鉴别，生产企业基本都是先通过感官检验进行预判，然后进行花粉、糖浆指标等相关项目的仪器检测。糖浆指标最常检测的是高果糖淀粉糖浆、C_4 植物糖和糖浆标志物。但由于蜂蜜组成成分复杂、食品安全标准存在缺陷、掺伪造假技术更新速度快等多方面的原因，现阶段通过一个或几个理化指标的检验很难实现对蜂蜜掺伪造假的有效鉴别，应用代谢组学方法进行蜂蜜溯源和掺伪鉴别是目前的研究方向。

三、行业发展趋势

随着经济的高速发展，人民生活水平日益提高，消费者对高品质蜂产品的需求更加旺盛。但我国蜂产品生产企业数量多、产品质量差及低价竞争的顽疾还没有被彻底解决，蜂产品生产企业转型升级势在必行。

（一）生产模式的转变

养蜂业是蜜蜂产业的基础，我国养蜂业家庭生产模式较为普遍，存在流动分散、数量多、规模小的问题，导致管理困难；养蜂业从业人员老龄化问题严重，后继乏人；机械化程度低，生产效率不高。这些问题推动我国养蜂业进入调整期，逐步实现规模化饲养、科学化管理、标准化生产、产业化经营、规范化运作。

蜂产品加工业要由过去的“公司购买蜂农原料”的松散模式向“公司+基地+农户”“公司+合作社”的紧密型模式转变。

（二）产品质量亟待提高

我国蜂产品产量居世界第一，是蜂产品出口大国，但始终不是出口创效强国，出口蜂蜜的均价居全球末位，“中国蜂蜜”已经被一些国家认为是“低质蜂蜜”的代名词。近年来我国蜂蜜进口量大幅增长，进口产品已迅速抢占国内蜂产品高端市场，并向中端市场渗透，而进口产品价格是我国同期出口同类产品的5倍左右。我国蜂产品行业不应再一味追求产量的提高，生产优质产品、提高经济效益是必然的发展趋势。

（三）提高产品科技含量，完成企业转型升级

我国蜂产品普遍存在科技含量不高的问题，以简单加工为主，深加工产品较少，导致低价同质化严重，缺乏市场竞争力。生产企业应从蜂产品的生物功能入手，着力提高科研水平，推动科技成果的转化和推广，开展蜂产品新产品开发和全产业链研究，完成转型升级，推动整个行业持续健康发展。

参考文献

刁青云, 吴杰, 姜秋玲, 等. 2008. 中国蜂业现状及存在问题. 世界农业, (10): 59-61.
宋心仿, 祁海萍. 2008. 蜜蜂饲养新技术. 2 版. 北京: 中国农业出版社.

第二章　蜂蜜的加工与应用

第一节　蜂蜜的生产

一、蜂蜜简介

蜂蜜也称“石蜜”或者“崖蜜”，最早记载于《神农本草经》。到明代，李时珍在《本草纲目》中记载“蜜以密成，故谓之蜜。《本经》原作石蜜，盖以生岩石者为良耳，而诸家反致疑辩。今直题曰蜂蜜，正名也”。至此，蜂蜜不再称为“石蜜”或者“崖蜜”了。

蜂蜜是一种人类传统而古老的天然食品。据《中国早期昆虫学研究》作者周尧考证，出土的三四千年前的殷商甲骨文中就曾发现有关于“蜜”的记载。因而史学家推测我国食用蜂蜜的历史最迟应不晚于商代。汉代的《神农本草经》中更是将蜂蜜列为药中上品，这一记载表明，在公元 2 世纪前我们的祖先就已经发现蜂蜜所蕴藏的药用价值。随着历史的演变和人类文明与科学技术的不断进步，养蜂业迄今已发展成为世界各国的一项独立产业。蜂蜜作为养蜂业中最重要的蜂产品，其产品本身已由过去的单纯原始形态发展成为一种深受人们喜爱的社会化商品。

为了满足人们对蜂蜜越发广泛的需求，同时为了进一步提高其社会和经济效益，对蜂蜜产业的发展应重点围绕蜂蜜资源的基础性研究、探索蜂蜜优质高产的技术措施、不断开发创新鲜蜜制品、疏导商品蜂蜜的流通渠道等方面，以使蜂蜜产品能够长销不衰，在国际国内市场上立于不败之地。

对于如何定义蜂蜜，各国都有着各自不同的描述，但基本含义大致相同。例如，1969 年《联合国粮食及农业组织和世界卫生组织联合食品卫生标准大纲》的《欧洲地区蜂蜜推荐标准》对蜂蜜曾做如下定义：“蜂蜜系蜜蜂从活的植物上采来的花蜜或分泌物，经过它们用特殊物质加工、酿制、混合并贮存于蜂巢中的一种甜物质”。又如我国商业部 1982 年颁布的有关蜂蜜的暂行标准中所下的定义为“蜂蜜是蜜蜂采集植物的花蜜或分泌物，经过充分酿造而贮藏在巢脾内的甜物质”。对于上述两个定义需要解释的是，定义中提到的“分泌物”除指蜜露以外还包括甘露（指某些植物的嫩芽、幼叶或花蕾等表皮渗出像露水似的含糖甜液）。这是因为在花蜜和蜜露缺乏的季节里，蜜蜂还会大量采集甘露，以满足蜂群维持生命活动及繁衍后代之所需，而由此酿造成的甘露蜜在某些欧洲国家也经常作为商品蜜销售和利用。

二、人类食用蜂蜜的历史

早在远古时期人们还是以采集天然植物和渔猎为生时，就学会了从树洞、岩穴中寻找蜂巢、掠食蜂蜜。旧石器时代晚期（4 万年前～8000 年前）与蜂蜜相关的岩石艺术的例子见于西班牙、印度、澳大利亚和南非（图 2-1）。在欧洲，与蜂蜜相关的最丰富且最具有代表性的岩石艺术被发现于西班牙。被发现于阿尔塔米拉洞穴侧室的一幅壁画可追溯到 2.5 万年前，上面便描绘了蜂巢、蜜蜂和采集蜂蜜的梯子。在西班牙的巴伦西亚省的一个露天岩洞里，发现了距今约 1 万年的岩石壁画，上面描绘了蜂蜜的收集、蜜蜂群和蜂巢的图画。在印度也发现了很多关于收集蜂蜜的图画，这些图画包含了以组为单位的男人和女人蹲伏在有蜂巢的树丛里，用烟熏蜂巢，并通过梯子来获取蜂巢。图画还描绘了他们用一种树胶制成的类似葫芦的容器来收集液体蜂蜜。在澳大利亚的达尔文港市也发现了画着无刺蜜蜂蜂巢的岩石壁画。人们在澳大利亚北部领土的露天石洞上发现了用蜂蜡绘制的图画，可以追溯到 4000 年前。在世界各地被发现的岩石艺术所描绘的蜂蜜收集场景表明，蜂蜜和蜜蜂幼虫可能是旧石器时代人们日常饮食生活的重要组成部分。可以预期的是，早期人类发现和使用蜂巢，要远远早于有关蜂蜜的岩石艺术的形成。

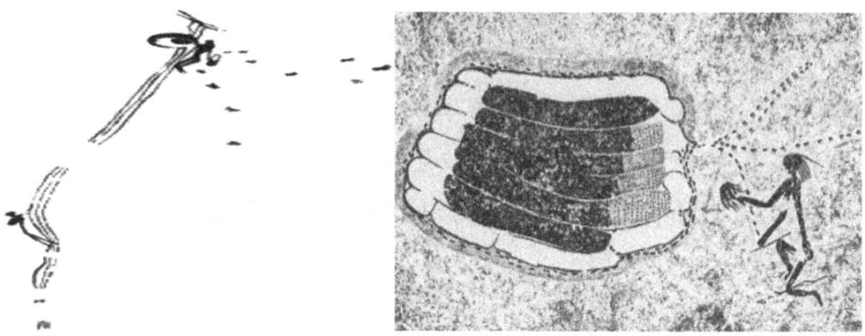

a　　　　b

图 2-1　与蜂蜜相关的岩石壁画

a. 旧石器时代人们收集野生蜂蜜的岩石壁画；b. 人们用烟熏蜂巢的岩石壁画

有关蜂蜜的最早文字记载出现在 4000 年前我国殷商甲骨文中，那时起人们就不只是食用蜂蜜了。公元前 4 世纪～公元前 3 世纪，《黄帝内经》中就出现了用蜂针、蜂毒治病的记载。汉代的《神农本草经》中称蜂蜜为药中之上品，正式记载了蜂蜜的药用功效，称其“主心腹邪气，诸惊痫痓，安五脏诸不足，益气补中，止痛解毒，除众病，和百药，久服强志轻身，不饥不老”。在古埃及，蜂蜜被认为是一种重要的甜味物质，在很多壁画中都有记载。《埃伯斯纸草文稿》中记载了蜂蜜外用的 147 个处方。《艾德温·史密斯纸草文稿》有蜂蜜用于外伤愈合的记载。

在古希腊，蜜蜂被认为是神圣的象征。古希腊曾将阿尔忒弥斯女神以蜜蜂的造型印在硬币上长达6个世纪之久。古希腊著名的哲学家、科学家亚里士多德在《动物志》一书中写道："蜂蜜是治疗眼疾的良好药膏"。希波克拉底曾说："蜂蜜可以治疗口腔溃疡"。在古罗马，蜂蜜在作家的田园诗歌里被多次提到，而且其中还详细描述了蜂蜜是如何被制造的。在凯撒大帝时代，人们可用蜂蜜代替黄金来缴税。公元1世纪时，罗马贵族对食谱进行了详细记录，竟有一半是关于蜂蜜的。在拜占庭帝国时代，只有圣徒、道德高尚的人才可以享用蜂蜜。

在一些经典著作中也有许多关于蜂蜜的描述，如《旧约全书》记载："以色列是一个流淌着蜂蜜和牛奶的国度"，蜂蜜是非常重要的，且被提到54次。最著名的记载就是国王所罗门说过："因为蜂蜜是非常好的食品，所以要吃蜂蜜"。《新约圣经》中记载，耶稣在复活后吃的第一餐就是蜂蜜和鱼。《古兰经》中记载，蜂蜜是一种有益于健康的食品，也是一种极好的药品。伊斯兰教的创立者穆罕默德也宣称，蜂蜜能治愈一切疾病。可见古代人类对于蜂蜜有着极高的评价。

在人类历史发展的很长一段时期，蜂蜜都是重要的碳水化合物来源，也是唯一具有甜味的物质。有学者甚至表示，蜂蜜和蜜蜂幼虫是早期人类除肉类和植物食品以外的重要饮食，从而使得早期人类的营养胜过其他物种，这可能为早期人类大脑的扩充提供了重要的能源物质。

三、蜂蜜的分类

对蜂蜜进行分类可以使人们掌握不同蜂蜜的品种规格、性状特征及质量优劣，以便于对其在生产、加工、流通、贮运等各项环节进行合理安排。同时也可迎合消费者对蜂蜜不同的消费需求。目前，国内主要通过以下几种方式对蜂蜜进行分类。

（一）按原料性质划分

可分为两类，一类是花卉蜜，包括花蜜和甘露酿制成的蜂蜜；另一类是蜜露蜜，是由昆虫的含糖排泄物酿制成的蜂蜜。从产量上比较而言，前者远超后者；从品质上比较，前者的色、香、味及营养价值也都要优于后者。

（二）按蜜源植物种类划分

可分为单花蜜和混合蜜（也称百花蜜、杂花蜜）。其中，单花蜜又按照各种植物的名称加以命名，如油菜蜜、紫云英蜜、荔枝蜜、棉花蜜、刺槐蜜、椴树蜜、荞麦蜜等。单花蜜品种繁多，其质量和性状也有很大的差异性。例如，刺槐蜜，色、香、味俱佳，且不会结晶，在我国被列为一等蜜；棉花蜜，色泽较浅且花香味淡，容易结晶，属于二等蜜；乌桕蜜，颜色呈琥珀色，甜中带酸，容易结晶，属于三等蜜；荞麦蜜，色泽较深，且带有特殊的气味，食用时口感欠佳，被划为等外蜜。混合蜜的形成，其原因有二：一方面是蜜蜂在同一时期采集了多种蜜源植物；另一方面是在采收贮存或商业加工环节中，由人为因素造成的。尽管从营养价值的角度分析，混合蜜并非都比单花蜜差，有些甚至还要好于单花蜜，但是，由于混合蜜在国际市场上的认可度低，其销路不畅或售价偏低。因此，在不用于特殊需要的情况下，应尽量避免人为混杂。

（三）按生产规格划分

根据目前国内蜂蜜生产现状，我国蜂蜜按生产规格划分主要可分为三个大类，即分离蜜、压榨蜜和巢蜜。分离蜜是指把蜂巢中蜜脾取出后，于摇蜜机中通过离心作用摇出并经过过滤的蜂蜜。压榨蜜是指通过压榨巢脾取得并经过过滤的蜂蜜。巢蜜是指蜜蜂在蜂巢中酿造出来的连巢带蜜的蜂蜜块，因而又被称为格子蜜，由于其充分利用了蜜蜂的生物学特性，因而被认为是营养价值最高、最理想的天然蜂蜜。

（四）按物理状态划分

常温、常压下蜂蜜主要呈现两种不同的物理状态，即液态和结晶态。从蜂巢中分离出来的蜂蜜都是均匀、黏稠、呈透明或半透明胶状的液体。划分时我们把那些不论贮存多久都能够保持较好流动性的蜜称为液体蜜；而把那些贮存一段时间会有结晶出现，或随时间的延长全部变成结晶体的蜂蜜称为结晶蜜。

（五）按色泽划分

蜂蜜通常都具有一定的颜色，而蜂蜜的颜色与蜜蜂采集的蜜源植物有直接关系。不同蜜源植物生产出的蜜颜色各有差异，而这种差异在很大程度上也反映出蜂蜜质量的好坏。一般认为，浅色的蜂蜜在质量上多数优于深色的蜂蜜。通常按照蜂蜜实际生产的色泽，可将蜂蜜划分为水白色、特白色、白色、特浅琥珀色、浅琥珀色、琥珀色及深琥珀色 7 个等级。

四、蜂蜜的等级和质量标准

蜂蜜的标准化是组织现代养蜂生产的重要手段，也是科学管理的重要组成部分。实现蜂蜜的标准化，对于高速发展的养蜂业和蜂蜜加工企业而言是不可或缺的，也是提高蜂蜜产品质量、保护百姓健康、充分利用好蜂蜜资源的重要保障。

（一）我国蜂蜜的等级和质量标准

1. 商业部颁布的有关蜂蜜的试行标准

以下为商业部颁布的有关蜂蜜的试行标准，该标准以商业部 GH 012—82 号发布，于1982年6月1日起在全国试行。

（1）规格：根据蜜源花种的色、香、味，分为三等；根据浓度高低，分为四级。对其性状特征的要求分别见表2-1和表2-2。

表2-1　蜂蜜分等及其性状

等别	蜜源花种	颜色	状态	味道	杂质
一等	荔枝、柑橘、椴树、刺槐、紫云英、白荆条等	水白色、白色、浅琥珀色	透明、黏稠的液体或结晶体	滋味甜润、具有蜜源植物特有的花香味	无死蜂、幼虫、蜡屑及其他杂质
二等	油菜、枣花、葵花、棉花等	黄色、浅琥珀色、琥珀色	透明、黏稠的液体或结晶体	滋味甜、具有蜜源植物特有的香味	
三等	乌柏等	黄色、浅琥珀色、深琥珀色	透明或半透明状黏稠液体或结晶体	味道甜、无异味	
等外	荞麦、桉树等	深琥珀色、深棕色	半透明状黏稠液体或结晶体，浓浊	味道甜、有刺激味	

注：①凡未列入表内的蜂蜜品种可参照表内所列色、香、味等特点由各省自定；
②凡在同等蜜中混有低等蜜时，按低等蜜定等；
③凡用旧式取蜜法（如压榨法、锅熬法等）取蜜，蜜液浑浊不透明、色泽较深，有刺激味的蜂蜜可作为等外蜜

表2-2　蜂蜜等级

级别	一级	二级	三级	四级
波美度（°Bé）	42以上	41	40	39

注：最低收购起点，黄河以北地区为波美度40，黄河以南地区为波美度39

（2）理化指标：对合格蜂蜜规定的理化指标有8项，每项指标具体要求见表2-3。

表2-3　蜂蜜的理化指标

指标名称	指标要求	指标名称	指标要求
水分	25%以下	酸度	4以下
还原糖类	65%以上	费氏反应	负
蔗糖	5%以下	发酵征状	不允许
酶值	8以上	渗入可溶物质	不允许

注：①酶值，即淀粉酶值，指1g蜂蜜所含淀粉酶在40℃下，于1h内转化1%淀粉标准溶液的体积（ml）；
②酸度，指中和100g样品蜜所需1mol/L氢氧化钠溶液的体积（ml）

2. 对外贸易经济合作部规定的蜂蜜质量标准

以下为对外贸易经济合作部规定的蜂蜜质量标准，该标准以WM21—65《蜂蜜》颁布，规定的蜂蜜出口技术条件见表2-4。

表 2-4 蜂蜜出口的技术条件

项目	技术条件
色泽	水白色，特白色，白色，特浅琥珀色，浅琥珀色，琥珀色，深琥珀色
气味和味道	应具有蜂蜜本身所具有的正常气味和味道，不得含有其他不正常的气味和味道
水分（最高）	18%以下
费氏反应	负
酸度	4 以下

注：①上述技术条件，不适于特种蜂蜜、杯装或瓶装蜂蜜和未经处理的蜂蜜；
②凡合同另外规定的，应符合合同规定的技术条件

3. 出口蜂蜜标准的补充规定

随着国际蜂蜜市场竞争日益激烈，对蜂蜜质量也提出了更高的要求。我国在商业部与对外贸易经济合作部原先制定的蜂蜜等级和质量标准的基础上，对出口蜂蜜质量作了补充规定。以下为主要的技术项目和技术指标。

（1）色泽范围和掌握标准：分为 4 级，见表 2-5。

表 2-5 蜂蜜出口的色泽范围和掌握标准

蜂蜜色泽	波长范围/nm	掌握标准/nm
白蜜	16.5～34	29
特浅琥珀	34～50	45
浅琥珀	50～85	76
琥珀	85～114	107

（2）花粉含量：单花种蜂蜜要求代表该花种的花粉含量在蜂蜜检样的花粉总量中占绝对优势。

（3）含糖量：除要求蔗糖不超过 5%外，还规定果糖占还原糖的 50%以上。

（4）羟甲基糠醛（HMF）含量：20mg/kg 以下或 60mg/kg 以下。

（5）脯氨酸：200mg/kg 以上。

（6）抗生素含量；四环类抗生素、青霉素族抗生素 0.05mg/kg 以下。

（7）微量元素含量：铅 1mg/kg 以下、锌 50mg/kg 以下、铁 50mg/kg 以下。

（8）杀虫脒含量：10μg/g 以下。

（9）掺入可溶性物质：不允许掺入淀粉、糊精、高果糖、饴糖、葡萄糖、米浆及蔗糖等可溶性物质。

（二）外国蜂蜜的标准

国外也对蜂蜜的质量标准做了相关规定，这里只给出联合国粮食及农业组织

对欧洲地区蜂蜜的分类标准，见表 2-6。

表 2-6　联合国粮食及农业组织对欧洲地区蜂蜜的分类标准

<table>
<tr><th>项目</th><th>蜂蜜</th><th>标准</th></tr>
<tr><td rowspan="2">水分</td><td>石楠蜜</td><td>最高 23%</td></tr>
<tr><td>其他蜂蜜</td><td>最高 21%</td></tr>
<tr><td rowspan="2">转化糖</td><td>蜂蜜</td><td>最低 65%</td></tr>
<tr><td>甘露蜜</td><td>最低 60%</td></tr>
<tr><td rowspan="2">蔗糖</td><td>甘露蜜、刺槐蜜</td><td>最高 10%</td></tr>
<tr><td>薰衣草蜜、其他蜂蜜</td><td>最高 5%</td></tr>
<tr><td rowspan="2">灰分</td><td>蜂蜜</td><td>最高 0.6%</td></tr>
<tr><td>甘露蜜</td><td>最高 1.0%</td></tr>
<tr><td rowspan="2">水不溶物</td><td>压榨蜜</td><td>最高 0.5%</td></tr>
<tr><td>其他蜂蜜</td><td>最高 1.0%</td></tr>
<tr><td rowspan="2">酶值（歌德法）</td><td>其他蜂蜜</td><td>最低 8</td></tr>
<tr><td>低天然酶和 HMF 最高为 15mg/kg 的蜂蜜</td><td>最低 3</td></tr>
<tr><td>HMF</td><td colspan="2">20mg/kg 以下</td></tr>
<tr><td>含铅量</td><td colspan="2">最高 1mg/kg</td></tr>
<tr><td>含锌量</td><td colspan="2">最高 17mg/kg</td></tr>
</table>

注：酶值，即淀粉酶值，指 1g 蜂蜜所含淀粉酶在 40℃下，于 1h 内转化 1%淀粉标准溶液的毫升数

第二节　蜂蜜的加工

一、蜂蜜的成分

蜂蜜是一种成分高度复杂的糖类混合物，其主要成分是糖类，占蜂蜜总量的 3/4 以上，包含单糖、双糖和多糖。这些糖分的含量比例对于各种蜂蜜而言有一个一致的特征，那就是果糖和葡萄糖的总量占蜂蜜糖分的 85%～95%，并且在大多数蜂蜜种类中，左旋糖（果糖）的含量都占有优势。各种蜂蜜中的蔗糖和麦芽糖含量较少，只占到百分之几。此外，蜂蜜中还含有蜂花粉、蛋白质、氨基酸、色素、有机酸、芳香物质的高级醇、胶物质、酶、激素、维生素、黄酮和酚酸等物质。截至目前，在蜂蜜中已鉴定出的物质有 180 多种。当然，不同种类蜂蜜其成分也是有差别的，这主要取决于花蜜的来源。此外，含水量也是蜂蜜的重要特征之一，它对蜂蜜的耐藏性、结晶和稠度有重要的影响。

（一）水分

蜂蜜中的水分是指其中所含有的自然水，水分含量标志着蜂蜜的成熟度。成熟蜂蜜中的自然水分约占 18%，一般不超过 20%，即波美度（°Bé）41.6 以上。

（二）糖类

蜂蜜中的糖类主要是已糖类单糖，包括果糖和葡萄糖。此外还有约 25 种低聚糖在蜂蜜中被检测到。蜂蜜中的主要低聚糖是蔗糖、麦芽糖、海藻糖和松二糖，以及一些有营养价值的糖类，如潘糖、蔗果三糖、棉子糖等。蜂蜜中常见的糖类见表 2-7（谭洪波等，2016）。

表 2-7　蜂蜜中常见的糖类

单糖	二糖	三糖
	蔗糖	松三糖
果糖	麦芽糖	异麦芽三糖
葡萄糖	异麦芽糖	棉子糖
阿拉伯糖	松二糖	
	海藻糖	吡喃葡糖基蔗糖
	新海藻糖	潘糖
	蜜二糖	麦芽三糖
	麦芽酮糖	昆布三糖
	曲二糖	蔗果三糖
	龙胆二糖	新科斯糖
	异麦芽酮糖	纤维三糖
	黑曲霉糖	
	昆布二糖	
	二果糖酐	

蜂蜜中糖类的组成也可以用来鉴别蜂蜜的植物来源或者地理来源。蜂蜜中的果糖/葡萄糖及果糖/水的值可以用于鉴别蜂蜜的种类。此外，蜂蜜中低聚糖的种类和含量也能够用于鉴别蜂蜜的种类和掺假情况。

由于蜂蜜中富含糖类成分，因此易于结晶。蜂蜜的结晶是一个自然的过程，当葡萄糖的溶解度低于果糖，即蜂蜜中葡萄糖/果糖的值高时，葡萄糖自动从蜂蜜溶液中沉淀出来、失去水分子，形成晶格，引起蜂蜜的结晶。当蜂蜜中葡萄糖结晶后，还将蜂蜜中的其他悬浮物质固定，因此蜂蜜就会形成半固体状态。但是由于结晶影响蜂蜜的质感，因此有些消费者不喜欢。蜂蜜的结晶还可能导致酵母菌的繁殖，从而引起蜂蜜的发酵。

（三）氨基酸、蛋白质和酶

蜂蜜中大约含有 0.5%的蛋白质，主要是一些酶和游离的氨基酸。蜂蜜中的蛋白质对于人类蛋白质摄入量是不够的。蜂蜜中的蛋白质几乎包括了所有生理学方面的重要氨基酸，其中主要的氨基酸是脯氨酸。测定脯氨酸含量是判断蜂蜜成熟度的一种方法。蜂蜜中脯氨酸的含量约为 200mg/kg，如果其低于 180mg/kg，就意味着蜂蜜中添加了糖类。

蜂蜜中的蛋白质主要是酶类，包括淀粉酶、转化酶（蔗糖酶）等。它们在评价蜂蜜质量方面具有重要的作用，同时也作为蜂蜜新鲜度的指标。淀粉酶和蔗糖酶的活性变化范围很广，主要跟蜂蜜的蜜源植物有关。此外，还有还原酶、类蛋白酶、脂肪酶等。

（四）矿物质、微量元素和维生素

蜂蜜中矿物质的含量为 0.02～1.03g/100g。蜂蜜中主要的元素是钾，除此之外还包含很多种微量元素，蜂蜜中的微量元素含量占蜂蜜干物质的 0.1%～0.3%，详见表 2-8，且不同种类的蜂蜜中微量元素的含量是不同的。从营养学的角度看，铬、锰和硒对于人体具有重要的作用。虽然硫、硼、钴、氟、碘、钼和硅没有规定的每日摄入量（RDI），但是它们对人们的营养作用都很大。

表 2-8　蜂蜜中的微量元素（谭洪波等，2016）

微量元素	含量/（mg/100g）	微量元素	含量/（mg/100g）
Al	0.01～2.4	Pb*	0.001～0.03
As	0.014～0.026	Li	0.225～1.56
Ba	0.01～0.08	Mo	0～0.004
B	0.05～0.3	Ni	0～0.051
Br	0.4～1.3	Rb	0.040～3.5
Cd*	0～0.001	Si	0.05～24
Cl	0.4～56	Sr	0.04～0.35
Co	0.1～0.35	S	0.7～26
F	0.4～1.34	V	0～0.013
I	10～100	Zr	0.05～0.08

*被认为是有毒的元素

蜂蜜中含有少量的维生素，主要是维生素 C、维生素 K 和 B 族维生素，包括核黄素、泛酸、硫胺素及烟酸等。一般这些维生素的含量会随蜂蜜中花粉含量的多少而异（于先觉，2013）。

蜂蜜中还包含 0.3～25mg/kg 胆碱和 0.06～5mg/kg 乙酰胆碱。胆碱对于心血管和大脑的功能是非常重要的，而且对于细胞膜的组成、修复也是非常重要的，乙酰胆碱在修复过程中作为一种神经递质。

（五）多酚类化合物

蜂蜜中还含有多种生物活性物质，主要是指多酚类化合物、有机酸和芳香类物质等，这些成分主要来源于蜂蜜的蜜源植物。

1. 酚酸类化合物

蜂蜜中酚酸类化合物主要可分为羟基苯甲酸类和羟基肉桂酸类。羟基苯甲酸类大多是以游离态存在，少数被酯或者苷取代，常见的有羟基苯甲酸、香草酸和丁香酸等；羟基肉桂酸类一般是从肉桂酸衍生而来。羟基肉桂酸类常见的有 *p*-香豆酸、咖啡酸和阿魏酸等。

蜂蜜中酚酸类化合物因为蜜种的不同，含量存在一定的差异。曹炜等（2005）对洋槐蜜、油菜蜜、荞麦蜜等 10 种蜂蜜的总酚酸含量进行了测定，结果表明总酚酸含量为 13.30～148.46mg/100g，其中荞麦蜜总酚酸含量明显高于其他种类蜂蜜。酚酸含量也会因为地域差异而存在不同。Yao 等（2004）对澳大利亚 9 种桉树蜜中的酚酸进行了研究，其结果表明，最高含量为 10.3mg/100g，而最低含量仅有 2.14mg/100g，其中含量最高的为鞣花酸。澳洲茶树蜜的酚酸含量为 5.14mg/100g，其中 *p*-香豆酸和没食子酸的含量最高；而新西兰茶树蜜酚酸含量为 14.0mg/100g，主要酚酸是没食子酸。据此，有学者曾提出可根据酚酸与黄酮类化合物的组成来鉴别蜂蜜种类和产地。

单花蜜中广泛存在的酚酸类化合物主要是咖啡酸、苯甲酸、没食子酸、绿原酸、*p*-香豆酸、肉桂酸、鞣花酸、阿魏酸、香草酸等。但是，部分酚酸仅在少数的蜂蜜中被发现。Tomás-Barberán 等（2001）从石楠蜂蜜中鉴定出脱落酸和鞣花酸，并认为这些化合物可以作为鉴定石楠蜜内在质量的指标。苟小锋等（2004）研究了中国荞麦蜜，测定出其中的标志性成分为 *p*-香豆酸、阿魏酸、原儿茶酸、没食子酸和咖啡酸 5 种酚酸。郭夏丽等（2010）的研究表明，中国多种蜂蜜中均鉴别出 3,4-二甲氧基肉桂酸。

2. 黄酮类化合物

蜂蜜中的黄酮类化合物主要源于植物花蜜、花粉或者蜂胶，因蜜源不同，其种类和含量也存在一定的差异。黄酮类化合物是指分子结构具有 C6-C3-C6 特征的一类多酚类化合物，包括黄酮、黄酮醇、二氢黄酮、查耳酮、异黄酮。蜂蜜中的黄酮有芹菜素、白杨素、黄芩素；黄酮醇有槲皮素、山柰酚、杨梅酮、高良姜素、桑色素；二氢黄酮有橙皮素、乔松素；异黄酮有染料木素及黄烷类的柚皮素、短叶松素和儿茶素。

蜂蜜中黄酮类化合物因采集地理纬度不同，种类和含量均存在很大差别。北半球蜂蜜中黄酮类化合物主要来自蜂胶，而温度较高地区所采集的蜂蜜中黄酮类化合物或许来自于蜜源植物的花粉和花蜜。因此，不同产地及不同种类的蜂蜜所含黄酮类化合物组成和含量也各有特点。虽然蜂蜜中黄酮类化合物相对酚酸类化合物含量较少，但是也有研究人员常用黄酮类化合物作为蜂蜜的特征成分。Martos 等（2000）指出桉树蜂蜜的特征性成分是毛地黄黄酮和杨梅酮。Yao 等（2004）采用高效液相色谱（HPLC）法测定了澳大利亚桉树蜜的总黄酮化合物的含量，并根据含量范围将其确定为一种鉴别蜂蜜真伪的方法。Daniela 等（2009）从 20 个蜂蜜样品中鉴定出槲皮素、木犀草素、山柰酚、芹菜素、白杨素和高良姜素等黄酮类化合物。

（六）挥发性成分

不同种类的蜂蜜因其植物来源不同，而具有各自不同的味道及颜色。在蜂蜜中糖类是最主要的味道构建元素。通常情况下，具有高果糖含量的蜂蜜（如刺槐蜜）相较于具有高葡萄糖含量的蜂蜜（如葡萄蜜）味道更甜。而蜂蜜的香气则主要是由蜂蜜中酸的种类、含量及氨基酸配比决定的。近几十年里，已报道了很多关于蜂蜜芳香组分的研究，有超过 500 种不同的挥发性组分在不同种类的蜂蜜中得到鉴别与确认。研究表明，大部分的芳香组分因蜂蜜植物来源的不同而呈现多样性。在将蜂蜜应用于食品工业中时，蜂蜜的风味将是一个非常重要的指标，关系着消费者如何对蜂蜜进行选择。

（七）特殊成分

某些蜂蜜还含有特殊的化学成分。例如，油菜是我国最重要的油料作物，常年种植面积可达 600 万 hm^2 以上，且油菜的花期较长，是绝好的蜜源植物。采收的油菜蜜因其蜜源植物广泛、产量高而成为大众化蜂蜜。但是，在市场上油菜蜜几乎不以食品形式出售，而是在烟草、制药及食品饮料工业中使用，这是因为油菜蜜具有一股令人不愉快的特殊味道。大量实验表明，油菜籽中能够产生异味的物质是硫代葡萄糖苷。

张红城等(2009)对油菜蜜中的硫代葡萄糖苷进行了测定，实验结果如图 2-2～图 2-7 所示。结果表明，新鲜的油菜蜜中含有硫代葡萄糖苷物质，并在贮藏半年

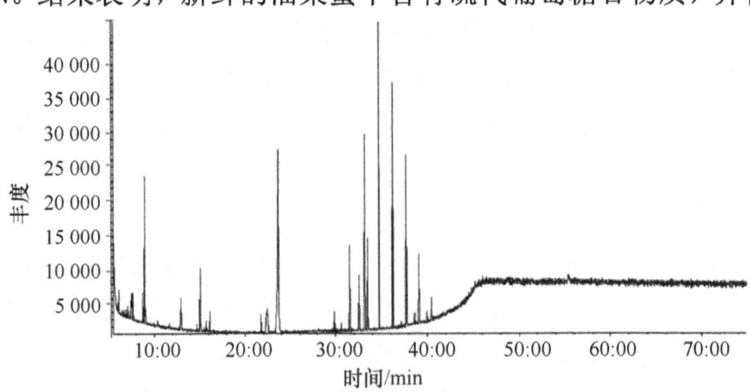

图 2-2　正丁醇和正己烷萃取油菜蜜的萃取液 GC-MS 总离子流图

后发现含有新物质异硫氰酸酯（ITC），该物质是葡萄糖硫苷于贮藏过程中，在自身所含有的芥子酶的作用下使硫苷降解，从而形成了异硫氰酸酯。异硫氰酸酯，其通式为 R-NCS。流行病学研究表明，R-NCS 是一类具有防癌、抑癌作用的物质，此外，还具有抗菌、抗肿瘤、抗氧化等多种药理作用。

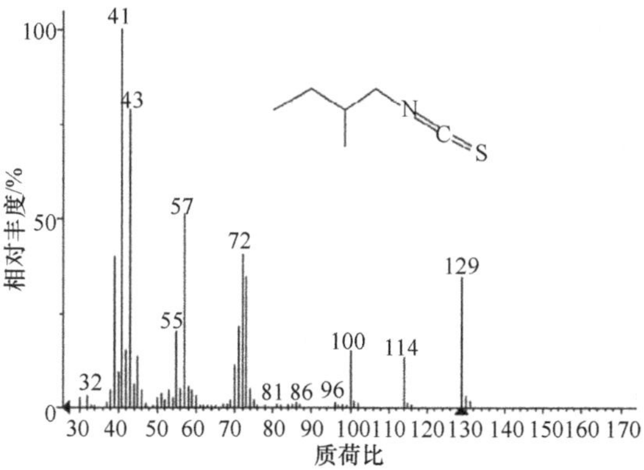

图 2-3 正丁醇和正己烷萃取油菜蜜的萃取液中异硫氰酸酯的质谱图及结构式

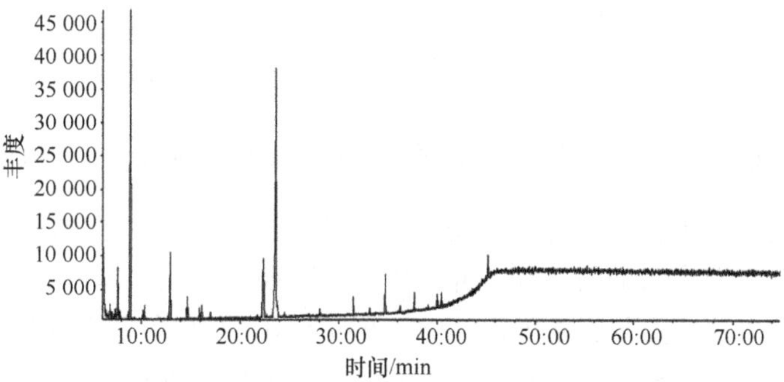

图 2-4 正丁醇和石油醚萃取油菜蜜的萃取液 GC-MS 总离子流图

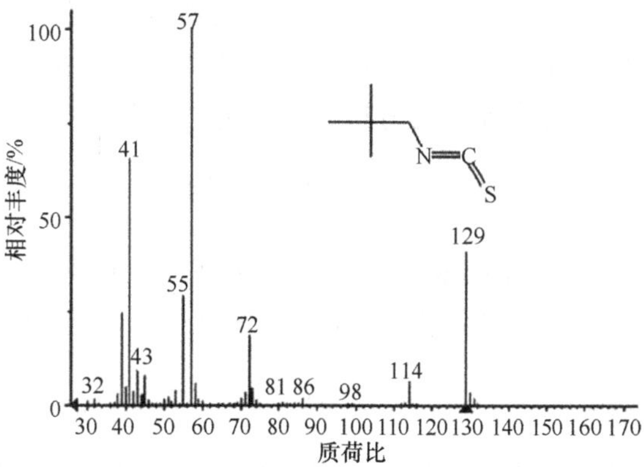

图 2-5 正丁醇和石油醚萃取油菜蜜的萃取液中异硫氰酸酯的质谱图及结构式

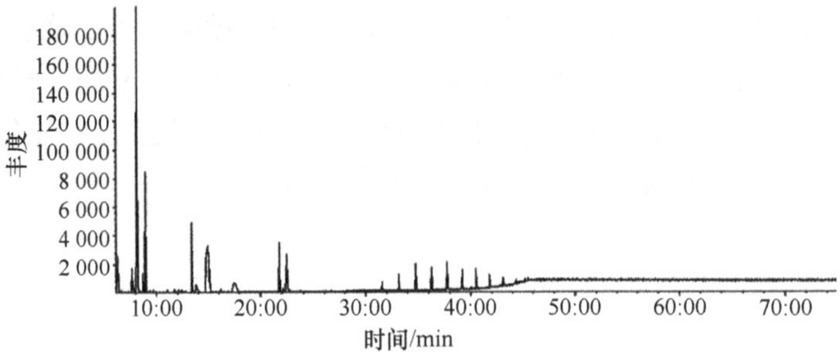

图 2-6　正丁醇萃取油菜蜜的萃取液 GC-MS 总离子流图

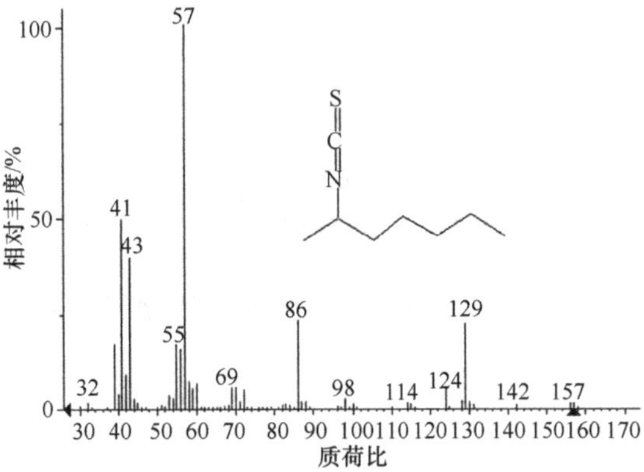

图 2-7　正丁醇萃取油菜蜜的萃取液中异硫氰酸酯的质谱图及结构式

蜂蜜不仅营养丰富，而且绿色安全，是天然的滋补佳品之一，其所蕴藏的多种药理活性已逐渐为人们所认知，并在饮食、医药、化妆品等行业被广泛应用，深受消费者的青睐。我国是蜂产品生产和出口大国，拥有众多珍贵的特种单花蜜，但是市场上销售的蜂蜜产品质量参差不齐，掺假现象屡见不鲜，这严重影响了我国蜂蜜产品在国际市场上的声誉。为了规范蜂蜜产品市场秩序，明确各种蜂蜜中的特有成分是控制其质量、区别其种类、识别其是否掺假的重要途径。因此，深入研究各种单花蜜的化学成分，可为阐明蜂蜜的药理活性及拓展其市场应用提供更多科学依据，进而使蜂蜜能够更好地为人类健康服务。

二、工 艺 流 程

目前，我国对蜂蜜的加工尚未形成统一和完善的工艺体系，各加工厂只是根据工厂自身设备条件、技术水平及市场需求规定了一套适行的工艺流程，现将其综述如下。

（一）原料检验

凡需加工的原料蜜都需进行检验，尤其是产地花种较为复杂的蜂蜜，更需仔细地逐桶检验。检验后，依花种和等级加以归类。对单一花种产地的蜂蜜，检验的抽样数一般不低于 20%。检验的项目指标包括蜂蜜的色泽、形态、味道、羟甲基糠醛、酶值及蔗糖含量。

（二）选料配料

以消费者的需求和原料蜜的质量检验情况为出发点，以原料蜜的色泽、含水量、酶值等指标为依据，将其调配成质量均一、规格统一的拟加工原料蜜。

（三）预热

在预热室内采用蒸汽排管或水浴方式对蜂蜜进行加热，使已经结晶的蜂蜜能够从桶内倒出。预热的温度控制在 60～70℃为宜。

（四）低温解晶

将粗粒结晶蜜置于夹层锅中，加温使温度为 38～43℃，且边加温边开动搅拌器进行搅拌，以使蜂蜜受热均匀，加速解晶。

（五）粗滤

趁蜜温尚未降低，以 60～80 目滤网对其进行过滤。过滤时，可以采取自然过滤、框板式压滤机过滤或泵抽滤等方法。通过粗滤，可以除去蜂蜜内的死蜂、幼虫、蜡屑等杂质。

（六）精滤

精滤是将粗滤后蜂蜜中未清除的杂质进一步除尽。过滤时，温度应控制在 38～43℃，加热时间控制在 10min 以内。

（七）升温

升温是通过板式换热器将精滤后的蜂蜜升至 60℃，并保持 30min，使其黏稠度降低，以便进行精滤。升温过程还同时起到磁化细微结晶粒及杀灭耐糖酵母菌的作用。

（八）二次精滤

精滤是用 120 目滤网对蜂蜜进行精细过滤。精滤时，使用的滤网不能过细，滤网过细会将蜂蜜中含有的花粉过滤掉，对蜂蜜的营养价值造成损失。

（九）减压浓缩

减压浓缩是用真空泵减小系统压力，降低水的汽化温度，从而使蜂蜜中的水分大量蒸发，以达到浓缩的目的。该过程在刮板式薄膜蒸发器中进行，蒸发温度控制在45～55℃。减压浓缩会对蜂蜜的香味造成较大损失，因而只在对蜂蜜水分有特殊要求时才采用此工序。

（十）冷却

冷却是将高温加工后的蜂蜜，经板式冷凝器快速冷却至50℃左右，并过渡到常温，以使蜂蜜中过高的热量尽快散除，减少蜂蜜中有效成分的损失及色泽加深。

（十一）成品检验

将冷却的浓缩蜜直接用泵输送到成品蜜贮罐，充分搅拌混合，然后抽样对其中的蔗糖、果糖、葡萄糖、水分、酶值、羟甲基糠醛、花粉数及酸度等指标进行检验。

（十二）分装

检验合格的成品蜜由成品蜜贮罐经管道输送至分装车间，装配成合适的大小。分装时要注意遵守卫生生产标准，避免二次污染。

第三节　蜂蜜的鉴别

一、蜂蜜的物理特性

（一）颜色、气味和味道

不同蜜源的蜂蜜，其颜色、香味和味道各不相同。蜂蜜的颜色可由水白色至深琥珀色。例如，野桂花蜜、椴树蜜、荔枝蜜、刺槐蜜和紫云英蜜为水白色、白色、浅琥珀色；而荞麦蜜、桉树蜜呈现深琥珀色。蜂蜜的颜色主要取决于其中所含的色素种类及矿物质的含量。矿物质含量越高，尤其是铁元素含量越高，蜂蜜的颜色就越深。此外，如果花粉含量较多，同样也会加深蜂蜜的颜色。相反，矿物质含量低，花粉含量也不高，蜂蜜的颜色就会较浅，如苜蓿蜜、野桂花蜜就属于浅色蜜。蜂蜜的香味较为复杂，其中含有的芳香性物质主要是挥发性的香精油、芳香醇等。一般情况下，蜂蜜的香味与花的香味是一致的。通常颜色浅淡的蜂蜜其香味和味道较好，并且二者之间有相当程度的一致性。当人们品尝蜂蜜的味道时，是从其适口性和回味感等来评价的。对于蜂蜜的味道，自然是以甜为主，但有些蜜还带有苦涩感，也有些蜜带有蜜源植物本身所具有的特殊气味，如刺激性或浓厚的怪味。例如，薄荷蜜具有薄荷的辛辣味，荞麦蜜富有浓郁的刺激性气味。

但从甜度的角度考虑，蜂蜜的甜度与转化糖的甜度相当。如果用蔗糖的甜度作为各种糖甜度比较的标准（蔗糖为100），几种糖及蜂蜜的相对甜度分别为乳糖16、饴糖32、葡萄糖74、转化糖130、蜂蜜约130、果糖175。蜂蜜的甜度之所以与转化糖相当，是因为二者所含的葡萄糖与果糖的比例大致相等。我们经常用蜂蜜来比喻我们的事业——“甜蜜的事业”，意味着蜂蜜比较甜。而不成熟的蜂蜜，由于水分含量较高，果糖含量低，甜度要差很多。

蜂蜜的芳香气味和鲜美滋味极容易被热和不恰当的贮藏方法所破坏。如加热过度或不适当地长期贮存，会破坏蜂蜜原有的色泽和香气，致使蜜颜色加深，香味减退，味道变差。有研究表明，蜂蜜色泽的加深与其中含有的氨基酸有关，因为氨基酸与蜂蜜中的糖分会结合在一起而形成暗色物质，并推测这就是蜂蜜在保存中颜色变深的原因。而过度加热，除了会使较易挥发的香味物质进入空气中之外，同时也会改变蜂蜜的滋味。这是由于蜂蜜里的糖类、酸类和蛋白质物质在受到强热的影响后，给蜂蜜带来了令人不愉快的气味。

（二）比重

物质的比重是指一种物质的重量对于同体积水重量的比值。例如，取某溶液在20℃时对同体积的水在4℃时重量的比值（水在4℃时密度最大），这样的比重称为真比重。物质的真比重在数值上等于该物质 1ml 的重量（克数），因为 1ml 水在4℃时等于 1g 重。因此，要想知道某一液体的重量，只需用该液体的真比重乘以该溶液的容积即可。

蜂蜜是一种黏稠液体，通常用波美比重计来测定它的比重。蜂蜜的比重与含水量密切相关，也关系着其成熟度。不成熟的蜂蜜，由于含水量高，其比重就小。不同含水量的蜂蜜，比重的差别很大。例如，把蜂蜜暴露在湿度大的空气之中，会形成稀薄的薄层，因水分含量大，比重小的部分会保留在上层，从而造成上下层比重不一致。如果把两种含水量不同的蜂蜜装进同一蜜桶内，不做特别均匀混合处理，那么含水量高的蜂蜜就会位于含水量低的蜂蜜上方，这就是蜂蜜有产生分层趋势现象的原因所在。

（三）吸湿性

吸湿性是指一种物质从空气中吸收水分的能力，这种能力一般是在该物质的含水量与空气的相对湿度取得平衡后才会消失。蜂蜜的吸湿性与它的特有成分、糖分及含水量有关。通常正常状态下的蜂蜜如果水分含量≤18.3%，便能从相对湿度超过60%的空气中吸收水分。应注意的是，蜂蜜能够吸收周围空气中的水分，也能够吸收周围空气中的异味，从而对蜂蜜的风味产生一定的影响。因此，在贮存蜂蜜时要注意蜂蜜的吸湿性。

（四）黏滞性

物质的黏滞性是指该物质的抗流动性。当平面上有液体移动时，紧贴在平面上的液层因黏附而不能移动，离开平面的液层才能移动，且离开平面越远的液层其移动速度越大。蜂蜜的黏滞性也和其他物质特性一样，取决于其成分构成，特别是含水量。当温度升高，蜂蜜的黏滞性就会降低，有些蜂蜜在剧烈搅拌之下也会降低黏滞性，但静置后又会恢复原状。蜂蜜的黏滞性对于蜂蜜的加工具有重要影响，因为黏滞性高的蜂蜜，很难从容器中倒出来，或者从巢脾里分离出来，这会降低过滤和澄清的速度，其中包括沉淀杂质及清除气泡的速度。

（五）光学特性

光在同一介质中是以直线传播的，且具有一定的速度。因介质不同，光的速度会相应地改变。而当光线由一种介质进入另一种介质时，就会产生折射现象。我们把入射角的正弦与折射角的正弦的比值称为折射率。当光线从空气进入蜂蜜时，就会发生折射现象。折射率是蜂蜜的物理常数之一，测定折射率是鉴定蜂蜜含水量简单且又精确的方法。严格地说，同一物质的折射率本应该完全一样。但由于蜂蜜是一种复杂的混合物，且各种物质含量的比例也不同，特别是含水量高低不一，因此即便是同蜜种的蜂蜜其折射率也各不相同。例如，荆条蜜 A，含水量 24%，其折射率为 1.476 84；荆条蜜 B，含水量 20.5%，其折射率为 1.485 16。此外，蜂蜜的折射率与蜂蜜的温度也有紧密联系，随蜂蜜温度的高低而不同。

蜂蜜的另一个光学特性就是它的旋光性。有些化合物，特别是天然的有机化合物，当平面偏振光通过时，能使偏振光的振动方向发生偏转。糖类、氨基酸都具有不对称的手性碳原子，都具有旋光性。蜂蜜含有多种糖类，且具有多种氨基酸，因而蜂蜜也具有旋光活性。与其他物质一样，蜂蜜旋光度的大小与其本身成分、溶液浓度、液层厚度、光的波长、测定温度等有关系。

（六）结晶特性

目前，大众对于蜂蜜的结晶性了解不足，很多人甚至认为蜂蜜出现结晶是不纯或者是非自然蜂蜜的表现。然而事实并非如此，蜂蜜结晶是一种自然的、自发的过程，随着时间的推移，大多数纯的生蜂蜜或者未加热的蜂蜜都会有形成结晶的趋势（图 2-8）。蜂蜜结晶只影响其颜色和质地，对品质没有影响，仍保持着液态蜂蜜的风味和质量。同时，也有一些消费者偏爱结晶蜜蜂，因为结晶的蜂蜜更容易涂抹在面包或者吐司上，并且口味也比较好。其实，蜂蜜的结晶化或者颗粒化只是蜂蜜从液体状态转化为半固体状态的一种自然现象。

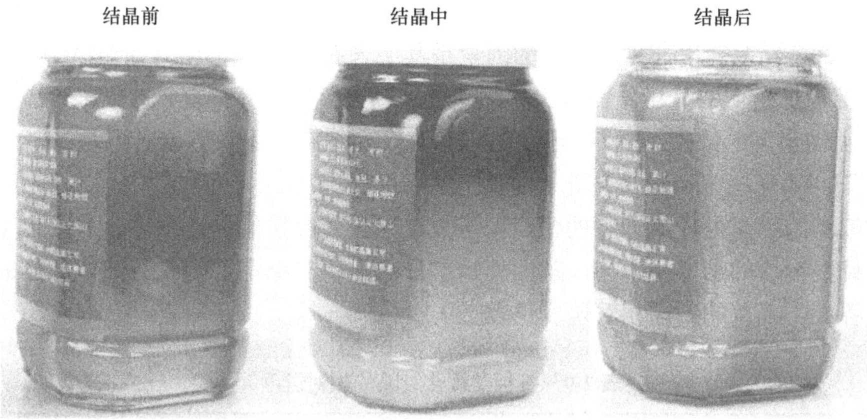

图 2-8　蜂蜜的结晶现象（彩图请扫封底二维码）

蜂蜜本身是一种高度浓缩的糖溶液，含有超过 70%的糖类和大约 20%的水分（图 2-9），这就意味着在蜂蜜中的水比自然状态下的水包含着更大量的糖，而相对过多的糖导致了蜂蜜的不稳定性。蜂蜜中主要的糖类是果糖和葡萄糖，而不同种类的蜂蜜这两种糖的含量是不同的。通常来说，蜂蜜中果糖的含量占 30%～44%，葡萄糖的含量占 25%～40%，而这两种关键糖含量间的相互平衡是导致蜂蜜结晶的最主要原因，且两种糖的相对百分比决定着结晶的速度。蜂蜜结晶时析出的糖是葡萄糖，这是因为葡萄糖的溶解度低，更易于析出。而果糖溶解度高，更易溶于水，相较而言不易析出。当葡萄糖发生结晶时，形成的微小晶体便从蜂蜜中沉淀析出。随着结晶过程的持续进行，有更多的葡萄糖结晶析出，结晶化就逐渐遍布整个蜂蜜，从而液体状的蜂蜜就会形成稳定的饱和形式，使蜂蜜最终呈现出黏稠状或者结晶化状态。

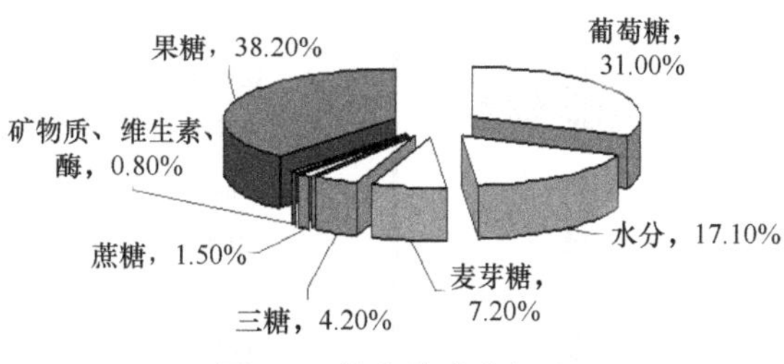

图 2-9　蜂蜜的成分组成

1. 影响蜂蜜结晶的因素

有些蜂蜜从来不结晶，而有些蜂蜜提取出来几天后就会结晶。研究发现，很多因素会对蜂蜜结晶过程的快慢产生影响，下面就对影响蜂蜜结晶速度的因素做简要介绍。

（1）蜜源（蜂蜜的糖组分）

对蜂蜜结晶速度起重要影响的因素是其所含有果糖/葡萄糖、葡萄糖/水的值。果糖/葡萄糖值低的蜂蜜结晶快，如棉花蜜、蒲公英蜜、芥菜蜜、油菜蜜等。而果糖/葡萄糖值高的蜂蜜结晶相当慢，在没有任何处理的情况下甚至能够保持液体状态数年，如洋槐蜜、鼠尾草蜜、龙眼蜜、山茱萸蜜和枣花蜜等。相反，葡萄糖/水的值小的蜂蜜是较不饱和的葡萄糖溶液，这样的蜂蜜结晶速度慢。水分含量过高的蜂蜜形成的结晶不均匀，从而使蜂蜜呈现出既有结晶部分也有液体部分的形态。各种类蜂蜜的结晶相对速度见表 2-9。

表 2-9　各种类蜂蜜结晶的相对速度

蜂蜜植物来源	结晶速度	蜂蜜植物来源	结晶速度
澳大利亚合欢	很慢	迷迭香	慢
洋槐	很慢	酸模属	慢
荔枝	很慢	西班牙薰衣草	慢
龙眼	很慢	百里香	慢
黄芪	很慢	苜蓿	快速
乳草	很慢	苹果、梨、莓、樱桃	快速
鼠尾草	很慢	三叶草	快速
枣花	很慢	棉花	快速
鹅掌楸	很慢	蒲公英	快速
山茱萸	很慢	普通薰衣草*	快速
轮生叶欧石楠	慢	钟穗花	快速
黑莓	慢	蚕豆	快速
紫草	慢	秋麒麟草	快速
荞麦	慢	冬青	快速
栗子	慢	常春藤	快速
柑橘	慢	豆科灌木	快速
桉树	慢	荠菜	快速
杂草	慢	油菜	快速
椴树	慢	覆盆子	快速
枫树	慢	矢车菊	快速
山楂	慢	向日葵	快速
点头蓟草	慢	野生百里香	快速

*这个温度是独立的，当蜂蜜保存温度低于 21～23℃时，结晶化快速；保存温度为 23～32℃时，它一般不会快速结晶

（2）蜂蜜的加工方式

蜂蜜的结晶速度不仅取决于它的组成，也取决于是否存在“催化剂”，如蜂蜜

中存在的花粉颗粒、蜂蜡等，这些微小颗粒都能作为结晶的晶核，使结晶过程更快发生。生蜂蜜中通常会含有一些蜂蜡、花粉和蜂胶，因而生蜂蜜的结晶速度更快。而经过加热和过滤的蜂蜜之所以能够长时间保持液体状态，是因为加热和过滤过程除去了蜂蜜中结晶的晶核。

（3）贮存的条件

蜂蜜的贮存温度也是一个重要的影响因素。当温度为10～15℃时，蜂蜜的结晶速度最快，当在10℃以下时，结晶速度就会减慢。这是因为低温增加了蜂蜜的黏度，从而阻滞了已经形成的结晶向周围环境的移动和扩散。当温度高于25℃时，将不利于蜂蜜的结晶，而当温度达到40℃时，结晶便会溶解。此外，在贮存过程中还有一些其他因素能够影响蜂蜜的结晶，如因为蜂蜜对周围环境中水分含量敏感，聚乙烯容器可以允许湿气的排除，因而聚乙烯容器利于蜂蜜结晶。

2. 避免蜂蜜结晶的方法

1）在室温下将蜂蜜贮存于密闭的容器中。

2）不要将蜂蜜贮藏在冰箱中，因为冷藏室的温度能够加速结晶化速度。

3）通过80目微过滤器过滤蜂蜜或用一层或多层纱布的钢丝筛滤出微小颗粒，包括花粉、蜂蜡、结晶小颗粒或者气泡等能引发结晶的物质。

4）于双层锅或者热空气中将蜂蜜加热到40℃融化结晶，以延迟蜂蜜的结晶。

5）美国超市通常使用蜂蜜加热机将蜂蜜加热至63℃保持30min，或者71℃下保持约1min，然后迅速冷却至49～52℃。用此方法将蜂蜜的热损伤降到最低，并利用高温杀死酵母，以便于长时间保持蜂蜜的液体状态。

6）冬天应将贮存空蜂巢的贮蜜箱彻底打扫干净。因为贮存有微量湿蜂蜜的蜂巢能够形成微晶体，这能导致明年的蜂蜜过早地形成结晶。

3. 结晶蜂蜜的重新液化

可通过热水浴或者暖柜加热使结晶的蜂蜜重新液化，变成质地均匀的液态。注意加热时应采用间接加热，不应直接加热。蜂箱的温度大约是35℃，夏季蜜蜂熟化蜂蜜时蜂箱中的温度可以上升至40℃。因此，液化蜂蜜时最好将温度控制在35～40℃下进行。任何操作过程中的过度加热都会降低蜂蜜的质量，因为过热会破坏蜂蜜中的酶，进而导致蜂蜜的气味、香气的流失，以及蜂蜜颜色的变暗。为了避免蜂蜜营养价值的折损，加热时必须细致谨慎。下面就对热水浴法及暖柜法的操作加以介绍。

（1）热水浴法

加热装有足够水的恒温水浴锅，使水温达到35～40℃，然后停止加热，将盛有蜂蜜的容器盖子打开后，放入热水中保持20～30min，结晶的蜂蜜就会重新成为液态。当蜂蜜重新变成液态时，便可从热水中取出（图 2-10）。由于蜂蜜是热的不良导体，搅拌能使热量更加均匀地分散于全部蜂蜜中，从而加快液化过程，如需要还可替换装入热水。此外，这项工作最好在玻璃瓶中进行，因为塑料瓶受热容易变形或者融化。

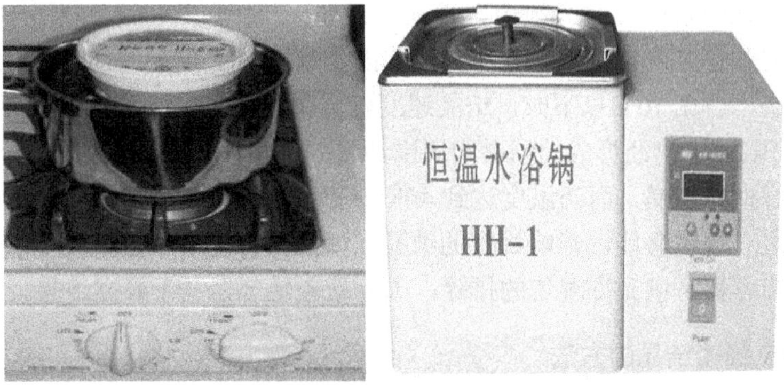

图 2-10　热水浴法示意图（彩图请扫封底二维码）

（2）暖柜法

暖柜法是在一个暖盒中用 40W 的灯泡加热蜂蜜，直到结晶的蜂蜜重新液化。这一过程较慢，需要 12～48h。理想的暖盒温度为 35～40℃。虽然有些蜂农采用了更高的温度加快结晶蜂蜜的液化，但相对较低的温度、较长的时间对于蜂蜜液化更为合适。当蜂蜜在桶内重新液化时，可不时搅拌以加快液化过程。选用的暖柜可以是绝缘的木箱或是改装的旧冰箱，配备一个电灯泡作为热源和一个恒温器来控制温度。该方法对于一罐蜂蜜或者一两桶 15kg 的结晶蜂蜜的重新液化较为适合。自己制作这样的暖盒也很容易。基本上就是用电灯加热，电灯提供持续的、稳定的热量（图 2-11）。

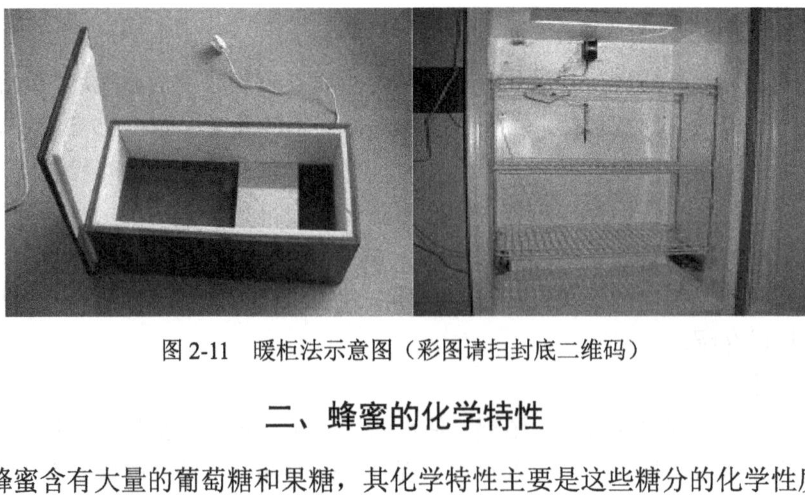

图 2-11　暖柜法示意图（彩图请扫封底二维码）

二、蜂蜜的化学特性

蜂蜜含有大量的葡萄糖和果糖，其化学特性主要是这些糖分的化学性质。

（一）变构碳原子反应

糖苷是一分子单糖的羟基与另一分子单糖的半缩醛羟基发生反应，失去一分子水而生成的，这是大部分二糖、三糖和全部多糖的基本键。这类糖苷键在碱溶液中较稳定，而在稀酸中便会水解。

（二）颜色反应

蜂蜜中的葡萄糖（属于醛糖）和果糖（属于酮糖）经浓无机酸处理脱水后可以产生糠醛或糠醛的衍生物，此过程中通常使用的无机酸为硫酸，如果用盐酸，则必须加热。这类糠醛或糠醛类衍生物在浓无机酸的催化下，会与酚类物质发生结合反应而产生颜色。

（三）氧化还原反应

蜂蜜中含有的单糖具有自由的醛基和自由的酮基，少数双糖也具有一定量的醛基，如麦芽糖。这导致蜂蜜易被空气中的氧所氧化而产生酸类物质，而酸类物质又会进一步发生反应产生二氧化碳。

1. 与碘反应

在碱性溶液中，碘能够与蜂蜜中的葡萄糖发生反应而产生葡萄糖酸。

2. 与多伦试剂反应

多伦试剂是硝酸银与氧化铵配制成的银铵络合溶液，它能够和蜂蜜中的醛糖或酮糖发生反应，而生成相应的酸，同时还会形成银单质粘附在试管壁上，称为银镜反应。

3. 与费林试剂反应

费林试剂是含有硫酸铜与酒石酸钾钠的氢氧化钠溶液。与酒石酸钾钠形成络合状态的二价铜离子可以将蜂蜜中的还原糖氧化成相应的酸类化合物。二价铜离子被还原成正一价的亚铜离子，即蓝色硫酸铜溶液被还原，产生砖红色的氧化亚铜沉淀。此外，蜂蜜还可以与苯肼发生反应而产生苯脎。

三、蜂蜜的鉴别

从理化性质入手，对蜂蜜可用以下几种常用的方式鉴别。

一看：正品蜂蜜因含有生物酶和花粉等，故呈稠厚的液体及白色或淡黄色半透明浆状，夏季如清油，半透明，有光泽；冬季变成不透明状，并有鱼子状葡萄糖结晶析出；用筷子挑起时，蜜汁下流如丝不断，且盘曲如折叠状。而假蜂蜜呈透明状，挑起后不易拉丝。

二嗅：真蜂蜜气味芳香，而假蜂蜜无芳香气味。

三试：①以烧红的火箸插入蜂蜜后迅速拔出，起气者为真，起烟者为假；②取一点蜂蜜放在干净的玻璃上用火加热，待水分蒸发后，停止加热，让其自然冷却，真蜜质软，假蜜发硬变脆；③取蜂蜜 1 份，加冷开水 5 份，稀释搅拌后静置几天，如无沉淀物为真蜜，有沉淀物为假蜜；④pH 实验。将蜂蜜滴在 pH 试纸上，显示值应为 3.5～4.5，大于或小于这个值的多为假蜜。

如今造假或者不纯的蜂蜜在市场上已经司空见惯，但是造假和不纯的蜂蜜消费者通过产品外观很难加以辨别，下面再介绍几种鉴别方法，以供参考。

（一）检查标签

很多人在购买食品之前没有查看标签的习惯，而购买后就会发现买了自己不需要的产品。对食品标签进行查看时，应注意观察购买产品的品牌、名称、配料表和食品添加剂。如今在多数国家购买食品，食品添加剂是被要求列在配料表中的，购买蜂蜜时应注意有无额外的添加剂。

（二）理化性质测试

如果怀疑购买的蜂蜜不是纯的，可通过几个简单的测试来检查蜂蜜的纯度。

1. 溶解实验

①取一杯水和一匙蜂蜜；②将蜂蜜倒进水中，观察现象；③实验也可以用工业乙醇进行。如果是纯蜂蜜，倒进水中后就会以固体的形式堆积在容器底部；不纯的蜂蜜倒进水中后就会溶解，溶液呈乳白色乳浊液状（图 2-12）。

图 2-12　溶解实验示意图（彩图请扫封底二维码）

2. 火焰实验

①准备打火机、蜡烛和蜂蜜；②将蜡烛的棉芯蘸取适量蜂蜜；③尝试点燃蜡烛的灯芯。如果能够点燃蜡烛，那么蜂蜜就是纯蜂蜜；如果不能点燃，便是因为

水的存在而使得棉芯不能点燃。需注意，如果加入的蜂蜜量较少，蜡烛也能点燃，但是发出呲呲的声音，因此最好再多加蜂蜜进行实验（图 2-13）。

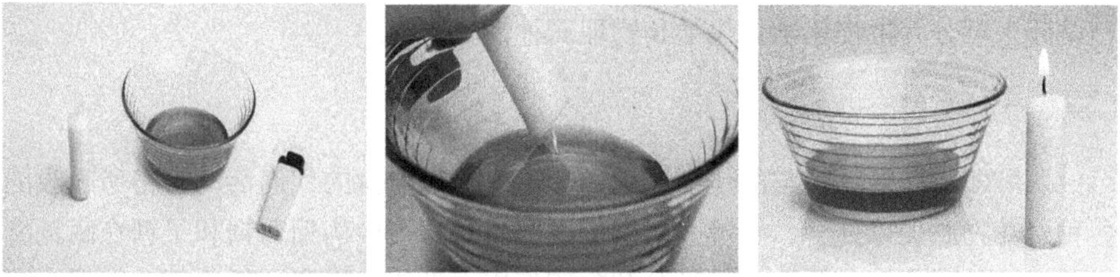

图 2-13　火焰实验示意图（彩图请扫封底二维码）

3. 吸收实验

倒几滴蜂蜜在吸水纸上观察是否能够被吸收，如果能够被吸收，蜂蜜就不是纯蜂蜜；如果没有吸水纸，也可以用白布，将几滴蜂蜜倒在白布上，然后洗刷白布，如果有任何蜂蜜残留的污点，这种蜂蜜或许就不是纯蜂蜜（图 2-14）。

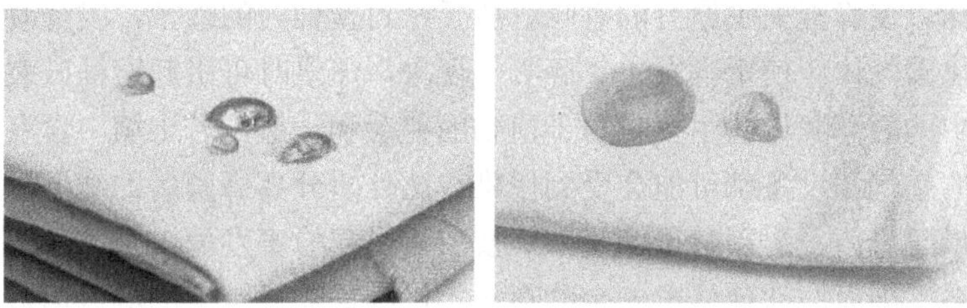

a　　b

图 2-14　吸收实验示意图（彩图请扫封底二维码）

a. 纯蜂蜜；b. 非纯蜂蜜

第四节　蜂蜜的贮存

一、贮存的重要性

蜂蜜经营单位实行的“快进快出”的经营方针，想方设法加快商品蜂蜜流通，提高资金周转率，这是完全正确和十分必要的。但是，很难想象跨越“贮存”这一中间环节而迅速将收购的蜂蜜转入消费领域。尤其是对于一些蜂产品厂家来说，收购的蜂蜜仅仅是用于成品加工的原料，必须在制成各种成品以后，才可通过商业渠道向消费者进行销售。因此，对蜂蜜有计划地加以贮存，应该被看作是蜂蜜经营活动中不可缺少的重要环节，也是搞好市场调节、适应人们消费需要的一项重要辅助手段。蜂蜜在贮存期间，必须加强保管，以减少其损耗。

二、贮存过程中存在的问题

蜂蜜在贮存期间，由于多种主客观原因，很容易造成品质上和数量上的改变，归纳起来可分为生物化学、化学和物理三种性质改变。

（一）发酵

发酵即由微生物参与的化学反应，微生物通过自身的代谢活动，将所吸收的各种营养物质加以分解、合成。蜂蜜的发酵就是蜂蜜中的葡萄糖和果糖在耐糖酵母菌分泌的葡萄糖分解酶和果糖分解酶的作用下形成乙醇和二氧化碳，然后，在氧化条件下乙醇再由乙酸菌分解为乙酸和水的过程。化学反应式如下：

$$C_6H_{12}O_6 \xrightarrow{\text{酵母菌}} 2C_2H_5OH + 2CO_2\uparrow$$

$$C_2H_5OH + O_2 \xrightarrow{\text{醋酸菌}} CH_3COOH + H_2O$$

蜂蜜发酵后，由于释放二氧化碳从而引起蜂蜜的色泽发生变化，表面呈现白色条纹或斑纹，并使蜜色变浅。当蜂蜜液化后，表面会形成泡沫层并散发出乙醇味或醛酸味，使蜂蜜失去原有的香味。盛于密封蜜桶内的蜂蜜，发酵时会产生大量的二氧化碳气体，使蜜桶发生“胖听”现象，严重时可引起蜜桶破裂，甚至爆炸。蜂蜜中的耐糖酵母菌主要来自于植物的花朵和土壤，若土壤中含有酵母菌，则取蜜时的空气和设备都可能会受到侵染。此外，分离蜂蜜后的潮湿巢脾中往往也会有大量酵母菌。耐糖酵母菌侵入蜂蜜后可引起蜂蜜发酵，且与蜂蜜含水量高有直接关系。因而，欲使蜂蜜安全贮存一年，则每克蜂蜜中的酵母菌数应平均不高于 10 个菌体，且当含水量高于 19%、每克蜂蜜含酵母孢子多于 1 个时，发酵现象就会很快发生。

蜂蜜的发酵还与蜂蜜贮存的温度有关。实验表明，酵母菌的最适生长温度为 23～26℃。如果蜂蜜温度降低到 11℃以下，酵母菌便不会生长。但是，于 11～15.5℃下贮存的蜂蜜因为容易结晶，会造成蜂蜜上层液态部分的含水量增加，反而会促进酵母菌的生长繁殖。此外，混入异物或者掺入发酵陈蜜的新蜜也容易引起发酵变质。

防止蜂蜜发酵的关键是要收购成熟的蜂蜜，并严格控制库温和改善蜜库的卫生条件。轻度发酵的蜂蜜应及时倒入不锈钢锅或牛奶消毒锅内，以巴氏灭菌消毒法杀灭酵母菌。经过灭菌的蜂蜜，在撇除泡沫后应迅速倒入干净的蜜桶内并盖紧桶盖。

（二）渗漏

蜂蜜的渗漏主要是由蜜桶破损造成的。在蜂蜜运输和出入库时，装卸过程粗鲁或蜜桶使用过久均有可能造成蜂蜜的渗漏现象。装有结晶蜂蜜的破损蜜桶虽一时不会有渗漏现象，但贮存时间稍久，结晶蜂蜜会因吸收空气中的水分而逐渐渗漏到桶外。为了防止蜂蜜的渗漏，应注意文明装卸，定期更新蜜桶，加强清仓查库。如发现蜂蜜渗漏现象，需及时加以处理。

（三）串味和污染

蜂蜜很容易吸收外界环境中的气味。蜜库中的蜂蜜出现异味（不包括酸味）主要是由于环境中同时混放了某些挥发性强或气味浓烈的货物，如汽油、煤油、沥青、石蜡、农药、化肥、水产品、葱、蒜等。蜂蜜入库后被重金属污染会使其色泽加深，这是由蜜桶内部涂料剥落导致的。为避免上述情况的发生，蜂蜜入库贮存时应做到专库专员管理，不得存放其他货物。此外，对涂料已经被腐蚀剥落的蜜桶，未加修复前不可继续使用。

（四）颜色变化

贮存的蜂蜜因其所含有的氨基酸与还原糖发生反应，可致使蜂蜜颜色逐渐加深（褐变）。且贮存时间越长，褐变的程度就越深。此外，高温和光照均会加快蜂蜜褐变，因而蜂蜜在贮存时应尽量避免高温和阳光暴晒。

（五）浓度变化

蜂蜜在贮存时浓度会发生变化，这主要是由蜜库的温度、湿度和通风条件等因素造成的，属于蜂蜜的一种物理性质的改变。实践证明，当蜜库内的湿度小、温度高且过度通风时，蜂蜜蒸发水分的损耗便随之出现；反之，当空气湿度和蜂蜜浓度高时，蜂蜜又会吸收环境里空气中的水分，使蜂蜜变稀。因而，为了减少蜂蜜的自然损耗或者防止蜂蜜变稀，应设法对蜜库的温度、湿度和通风状况加以调节，尤其是在高温和干燥的季节里，蜜桶或蜜缸均应加盖密封，蜜池应用塑料薄膜进行覆盖。

（六）等级混乱

蜂蜜的等级混乱是指同一罐或同一桶蜜中含有不同等级的多种蜜或单种蜜，这种状况的出现主要是人为因素所导致的。一方面是由于蜜桶标志的不清楚，另一方面是在蜂蜜组桶时的疏忽大意，还有一种原因是出于以次充好的目的。避免这种现象的关键在于生产者和销售者必须严格遵守相关制度，提高自身的道德水平。

（七）糠醛与酶值变化

蜂蜜在常温下贮存还会因其所含有的糖类物质而降解产生糠醛。蜂蜜中淀粉酶的含量也会随着贮存时间的延长而自然地降低。蜂蜜可存放在多种容器中，一般玻璃容器是最常用的，其他材料如塑料、陶瓷等也会被使用。但是，塑料、陶瓷等材料对于蜂蜜的保存是不利的。容器和贮罐都应该密封保存，这样可以避免蜂蜜因外界湿度和异味而引起变质损坏。最适合的贮存条件为温度 10～16℃，存贮房间相对湿度低于 65%。蜂蜜的质量会随着温度的升高而降低，表现为羟甲基糠醛（HMF）含量上升，酶活性降低。长期贮存在 50℃的温度下能引起蜂蜜中香气成分的降低，长期贮存的蜂蜜，其颜色也会因美拉德反应而变暗变深。

第五节　蜂蜜的应用

一、蜂蜜的生理特性

（一）对血糖的影响

在以前，人们对于碳水化合物对人体健康的影响具有很大争议，尤其是在关于碳水化合物是如何作为一种供能食物以影响人体血糖水平的理解方面有不同意见。如今，碳水化合物饮食的重要性可通过血糖指数（GI）得以体现。具有低 GI 的碳水化合物可引起血液中血糖水平的微量上升，而那些具有高 GI 的则会引起高的血糖水平上升。

GI 的概念可以发展为用于碳水化合物食品的数字化分类标准，假设这些数值在葡萄糖耐受量受到破坏的情况下是有用的。因此，具有低 GI 的食品更有利于糖尿病患者，也能减少冠心病的发病概率。食用低 GI 的各种蜂蜜（如刺槐蜜）或许有利于生理健康，同时也能够被 2 型糖尿病患者食用。健康人群和糖尿病患者摄取 50g 非特定的蜂蜜能够引起血液中胰岛素和葡萄糖含量的上升，但是上升幅度小于摄取等量的葡萄糖或者与蜂蜜相似的糖的混合物。这表明，食用蜂蜜对于糖尿病患者具有积极干预作用，因为能够引起血浆中葡萄糖的降低。蜂蜜能较好地将血液中葡萄糖含量控制在未确定类型的糖尿病患者及 2 型糖尿病患者的耐受范围内。近期研究表明，长时间食用高 GI 的食品能够显著增加 2 型糖尿病患者的危险，而 GI 高低对一般人的影响仍然在讨论中。

大多数种类蜂蜜中，果糖是主要的糖类。在如今美国人的饮食结构中，多余的果糖摄入或许是引起肥胖问题的一个主要原因。多余的果糖主要以玉米糖浆的形式存在。通过临床研究评估，研究人员发现，果糖摄入过量会导致脂肪重新合成的上升，这样就会对能量控制和体重方面产生不利影响。在小鼠喂养实验中，小鼠摄取果糖后没有观察到高甘油三酯血症的出现。相对于喂养果糖的小鼠，喂养蜂蜜的小鼠血浆中有相对高的 α-生育酚含量、α-生育酚/甘油三酯值，相对低的 NO_x 浓度及心脏对于脂质过氧化反应的低敏感性。这些数据表明，在饮食中蜂蜜代替果糖有潜在的营养优势。同时摄取蜂蜜（2g/kg 体重）和果糖能够阻止乙醇诱导的小鼠体内红细胞的转化。已有对人类在被给予蜂蜜后从乙醇中毒后快速恢复的事件的相关报道，并且与果糖相比蜂蜜的乙醇清除率更高，而且也得到了确认。

（二）抗菌性

蜂蜜对多种细菌具有很强的抑杀作用，如对沙门氏菌属、流感杆菌、肠道杆菌、链球菌、黄曲霉菌，以及革兰氏阴性菌和革兰氏阳性菌等多种致病菌均有抑杀作用。表 2-10 列出了对蜂蜜敏感的细菌种类。实验研究表明，蜂蜜的抑菌、杀菌作用与蜂蜜的浓度有关，与蜜种无关，低浓度具有抑菌作用，高浓度具有杀菌作用。蜂蜜抗菌作用的原因除了蜂蜜中高浓度糖和低 pH 能抑制微生物生长发育外，更重要的是，蜂蜜中的葡萄糖在葡萄糖氧化酶的作用下产生抗菌物质，即过氧化氢作用。

表 2-10　对蜂蜜敏感的细菌列表

名称	名称	名称
化脓性放线菌	结核分枝杆菌	志贺氏菌
炭疽杆菌	星状诺卡菌	金黄色葡萄球菌
白喉杆菌	变形杆菌	无乳链球菌，停乳链球菌，乳房链球菌
絮状表皮癣菌	绿脓假单胞菌	粪链球菌
大肠杆菌	沙门氏菌	变形链球菌
流感嗜血杆菌	猪霍乱沙门氏菌链球菌	肺炎链球菌
幽门螺旋菌	伤寒沙门氏菌	酿脓链球菌
肺炎杆菌	鼠伤寒沙门氏菌	红色毛癣菌，断发毛癣菌，须毛癣菌
犬小孢子菌（石膏样）	锯齿缘沙雷氏菌	霍乱弧菌

需要注意的是，过氧化氢在一定的热、光及贮藏条件下能够被破坏。这些不同的因素对于花蜜的抗菌活性有很大的影响，而对于甘露蜜的影响相对较小。因此，为了保持最佳的抗菌活性，蜂蜜应该存贮在凉爽、黑暗的地方，并且在保鲜期内食用。

（三）抗氧化性

术语“氧化压力”描述了在特定的生物体内自由基的产生与抗氧化保护活性之间平衡的失调。对于抗氧化的保护被认为能够抑制慢性疾病。尤其是脂蛋白的氧化修饰是动脉硬化发病机制重要的影响因素。

蜂蜜是一种天然的抗氧化剂，能够清除体内产生的过多的自由基，从而辅助改善人体的高血脂和高血压问题，这主要是因为蜂蜜中含有多种抗氧化活性成分。国内外很多研究都报道了蜂蜜中含有的多酚类成分具有清除体内自由基的作用（Silva et al., 2013）。同时，Habib 等（2014）还指出，蜂蜜的抗氧化能力主要依赖于蜂蜜的植物来源，因植物来源不同，蜂蜜具有不同的抗氧化能力。

二、蜂蜜在食品中的应用

蜂蜜用途十分广泛，除了能够作为营养滋补的甜食供人们直接食用，其在轻工业，特别是在食品加工业及医疗保健事业等方面也均有广阔应用。目前，蜂蜜的主要用途是用作食品，既可直接食用，又可加工后再食用。本小节重点针对经过加工后的蜂蜜食品或饮料进行阐述。

（一）蜂蜜奶酪

在西方国家“蜂蜜奶酪”是一种颇受消费者欢迎的用来涂抹面包的甜食品，实际上它并未含有奶酪成分，而是一种经过特殊加工制作而成的白色油脂状的结晶蜜。

这里介绍一种制备蜂蜜奶酪的具体加工工艺。主要配方为晶种 10%～15%，蜂蜜 85%～90%，工艺如下：

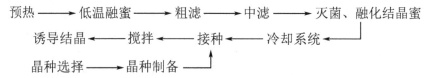

预热 → 低温融蜜 → 粗滤 → 中滤 → 灭菌、融化结晶蜜 → 冷却系统 → 接种 → 搅拌 → 诱导结晶

晶种选择 → 晶种制备 → 接种

操作方法：①蜂蜜预处理。选择葡萄糖含量低于 35%、含水量低于 18%的蜂蜜作为原料，参照蜂蜜常规的加工方法对其进行从预热到中滤各道工序的预处理。②灭菌和融化结晶粒。将预处理的蜂蜜倒入搅拌器的夹层锅中，加热至 65℃，使结晶颗粒融化，然后经冷却系统速冷至 24℃。③晶种制备。选择油菜蜜等具有细腻结晶的蜂蜜作为晶种，使用胶体磨将其磨碎。④接种。将晶种按 10%～15%的比例加入到处理并冷却至 24℃的蜂蜜之中，用搅拌器缓慢转动并充分搅拌，使空气混入。然后静置 1～2h，撇去蜂蜜上层气泡。⑤诱导结晶。将接种后的蜂蜜分装于干净的容器中，于 7～14℃条件下放置约 7 天，即可制成奶酪状蜂蜜。⑥成品贮存。制作好的蜂蜜奶酪可置于 4～5℃的冷库中贮存 3～12 个月。

（二）蜂蜜粉

这里介绍一种制备蜂蜜粉的加工工艺，工艺如下：

蜂蜜配料 → 脱水 → 升温 → 冷压干燥 → 粉碎 → 包装 → 入库

操作方法：①原料选择。选用颜色和气味良好的单花蜜或混合蜜作为原料。②脱水。将蜂蜜迅速加热，并在蒸发器中脱水，使其含水量降至 1%～2%。③升温和冷压。脱水后的蜂蜜经热交换器于 10s 内加热至 116℃，然后经一对温度控制在 0℃的滚筒将其扎成薄片。④粉碎和包装。

（三）固体蜂蜜

这里介绍一种制备固体蜂蜜的加工工艺，工艺如下：

低温冷冻 ——→真空干燥 ——→包装 ——→入库

操作方法：①低温冷冻干燥。将蜂蜜盛于塑料瓶中，移入−25℃冷库中存放12～24h。②真空干燥。将经过冷冻的蜂蜜移入真空干燥机中存放30～60min，然后在真空条件下将其加热至50℃，保持1～1.5h。之后再将其升温至60℃，保持1h。最后升温至70℃，保持1h，随即降温至60℃，保持1～2h。停止加温，在真空条件下放置11～12h，取出后即得到透明的块状固体。③包装、入库。

（四）蜂蜜奶茶

这里介绍一种制备保健蜂蜜奶茶的具体加工工艺。原料组分的重量配比为植脂末35%～45%、麦芽糊精20%～40%、白糖8%～12%、奶粉8%～12%、冻干蜂蜜粉4%～6%、冻干红茶粉4%～5%、食品防腐剂0.09%～0.11%。

操作方法：①先在蜂蜜中加适量的水并搅拌均匀。②将一定比例的麦芽糊精加入蜂蜜中充分搅拌，然后用水调节，使混合物的固形物含量为8%～12%，麦芽糊精的加入量为蜂蜜质量的30%～40%。③将上述混合物用胶体磨研磨3～4次。④将均质好的混合物装盘，装盘厚度为8～12mm，将装好的盘放入冻干仓中。开启冷冻机进行制冷，冷冻到物料温度为−30℃以下，并维持8～10h干燥。然后开启真空，并加热到95～100℃，继续干燥1～2h。⑤将上述冷冻干燥所得到的固体物质进行粉碎，即得到冻干蜂蜜粉。⑥按配方比例称取其他原料组分，与步骤⑤得到的冻干蜂蜜粉充分混合得到蜂蜜奶茶，按要求包装、入库。

（五）蜂蜜酒

目前，已有多种利用蜂蜜制备的酒，如蜂蜜果酒、蜂蜜葡萄酒等。

这里介绍一种利用蜂蜜生产的新型具有白兰地香型的蜂蜜酒的具体加工制备工艺。

操作方法：①第一次发酵生香产酒。向发酵罐中按比例投入蜂蜜、纯净水，搅拌成混合液体后，加入生香酵母并混合均匀，pH为6～6.5。装料量为发酵罐容积的85%，26℃以上有氧发酵5～6天，得到酒精度为3%～4%（*V*/*V*）的发酵液。②第二次发酵产酒。于得到的第一次发酵液中按一定比例加入发酵特制酵母，15～30℃厌氧发酵16天，使总酯与总酸含量达到一定比例，得到酒精度为9%～11%（*V*/*V*）的发酵液。③蒸馏。将二次发酵得到的发酵液加入到蒸煮锅中加热产气，经冷凝器得到酒精度为35%～45%（*V*/*V*）的蜂蜜白酒原浆酒，并将其放入不锈钢容器中存放。④贮存生香。将获得的蜂蜜白酒原浆酒于不锈钢容器中静置7天，过滤后放入橡木桶中存放一年以上，天然生成颜色为金黄色至赤金色的具有白兰地香味与口感的蜂蜜基酒。⑤灌装。将蜂蜜基酒经过滤、调配并根据要求，按计量灌装入酒瓶，制成成品酒。

三、蜂蜜在医疗中的应用

（一）抗菌抑菌作用

Jeddar 等（1985）报道浓度为 40%的蜂蜜可以杀灭革兰氏阳性及阴性细菌，尤其是对消化道严重感染的沙门氏菌、志贺氏菌、大肠杆菌及霍乱弧菌有杀灭作用。还有研究表明，浓度为 30%～50%的蜂蜜在体外实验中比普通的抗生素效果更佳，未经稀释的蜂蜜能抑制金黄色葡萄球菌、肠道病原体及白色念珠菌的生长。研究还表明，蜂蜜的抑菌和杀菌作用随蜜液浓度而变化，低浓度的蜂蜜具有抑菌作用，高浓度的蜂蜜具有杀菌作用。此外，蜂蜜还能预防和阻止细菌的入侵或扩散，作用的强弱亦与蜂蜜的浓度有关。

（二）治疗创伤和烧伤创面

蜂蜜可以防腐、杀菌、抑制细菌生长，对创伤面还有收敛、营养和促进愈合的作用。王树金（1995）报道用无菌干纱条浸透蜂蜜敷盖创面，治疗各类化脓性创面 297 例，观察发现创伤表面分泌物逐渐减少，新鲜上皮形成速度加快，疗效显著。余金牛（1997）用蜂蜜治疗创面和烧伤创面 1363 例，平均病程 14.5 天，总有效率为 97.5%，优于单用抗生素治疗的 635 例对照病例。

（三）治疗便秘

蜂蜜具有良好的通便作用。研究发现，浓度 100%和浓度 50%的蜂蜜对小鼠小肠推进运动具有明显的促进作用。余金牛（1997）用蜂蜜结合复方丹参片治疗平均年龄为 73.8 岁的老年性便秘患者 11 例，总有效率为 90.8%。

（四）口腔健康

关于蜂蜜对牙齿是否有害一直存在很大的争议。一方面，蜂蜜中富含的糖分为口腔中的细菌提供了发酵底物，摄取过多蜂蜜会增加龋齿风险，对幼儿而言尤甚；而另一方面，由于蜂蜜具有抗菌活性，摄取蜂蜜能够抑制细菌的生长，这能抑制龋齿，降低龋齿的发生概率。有研究表明，麦卢卡蜂蜜（一种具有强抗菌作用的蜂蜜）具有积极的抑制牙菌斑产生和预防牙龈炎的作用，可被用于替代糖果生产中的合成糖。一项研究通过电子显微镜观察发现，饮用果汁后摄取蜂蜜不会引起牙齿的腐蚀，当服用果汁 10min 后牙齿的腐蚀就能被观察到，但是在摄取蜂蜜 30min 后这种牙齿的侵蚀仅仅是很微弱的。这种现象只能通过蜂蜜中含有的钙、磷和氟及其他组分发挥作用来加以解释。目前普遍认为，蜂蜜可能具有一定的龋齿保护作用，但仍建议在食用蜂蜜后清洁牙齿。

（五）肠胃病学

蜂蜜是对消化性溃疡和胃炎的有效抑制剂。将蜂蜜用于治疗胃肠紊乱（如消化性溃疡、胃炎、肠胃炎等）在东欧和西伯利亚地区的出版物及很多早期著作中都有所记载。在大鼠实验中蜂蜜抑制胃溃疡的效果会被消炎药和乙醇减弱。摄取蜂蜜能够通过降低溃疡指数、微细血管的通透性及胃中髓过氧化物酶（过氧化物酶）活性，来抑制由苄达明引起的胃黏膜损伤。

蜂蜜对人体消化方面的影响还与低聚糖有关，这些蜂蜜的组分具有益生元的作用，与果寡糖有相似的效果。低聚糖能够引起双歧杆菌和乳酸杆菌数量的增长，并影响益生元的协同效果。一个作用于 5 种双歧杆菌菌株的体外实验表明，蜂蜜具有与葡萄糖酸和果糖低聚糖相似的促进双歧杆菌生长的作用。另一个实验表明，蜂蜜在体内（大鼠的大肠和小肠）及体外均促进了嗜酸性乳酸菌和植物乳酸菌的生长，而蔗糖没有这样的作用。临床实验表明，蜂蜜可以缩短婴幼儿细菌性腹泻的持续时间，同时也不会延长非细菌性腹泻的持续时间。

（六）对婴儿的作用

在过去几个世纪中，蜂蜜经常被推荐应用于婴儿食品，并有一些有趣的观察结果。饮食中有蜂蜜的婴儿相比于饮食中没有蜂蜜的婴儿更有利于其血液的生成及体重的增加；与蔗糖相比，婴儿更容易接受蜂蜜，相对于用水做的安慰剂，蜂蜜能够更显著地减少婴儿的哭闹；喂养蜂蜜的婴儿比喂养蔗糖的婴儿体重增加得更快，呕吐情况更少；当婴儿被喂养蜂蜜而不是蔗糖时，血红蛋白的水平就会增加，肤色也更好，也没有出现消化问题。蜂蜜对婴儿饮食积极的影响可能归功于人体对其的消化过程。一个可能的原因是低聚糖对双歧杆菌的影响，也可能与部分肠胃病学有关。喂养蜂蜜和牛奶混合物的婴儿表现出正常的、稳定的体重增加，以及具有富含双歧杆菌的酸性微生物菌群。另一项实验中，喂养蜂蜜和牛奶混合物的婴儿表现出较低的腹泻频率，与喂养蔗糖甜牛奶的婴儿相比，血液中含有更多的血红蛋白。此外，研究还发现用蜂蜜喂养的婴儿对钙的摄取率提高，他们的粪便更轻，更稀疏。

然而，对于婴儿有一个健康关注，那就是蜂蜜中存在肉毒杆菌的问题。因为这种细菌在自然食品中是普遍存在的，蜂蜜虽然是自然来源的无菌包装食品，但对低污染物水平的危险也是不能排除的。这种细菌的孢子能够在蜂蜜中存活，但它们不能产生毒素。然而，这种细菌能够存活于小于 1 周岁的婴儿的胃中，且理论上能够产生毒素，当大于 12 个月时婴儿便能够没有任何危险地消化利用蜂蜜。在德国，婴儿肉毒杆菌中毒事件每年都有报道，因而一些蜂蜜的包装者就会在蜂蜜标签上添加一条警告：蜂蜜不能给小于 12 个月的婴儿食用。最近欧盟的一个科学委员会评估了蜂蜜中肉毒杆菌的风险。他们得出的结论是，蜂蜜中微生物的检查对于控制蜂蜜中孢子浓度是必要的，但由于肉毒杆菌发生率低并且是不定时发生的，因此这样的检查并不能防止婴儿肉毒杆菌中毒。欧盟国家卫生局并没有规定需要在蜂蜜容器上贴警告标签。

四、蜂蜜在外科手术中的新用途

在现代器官移植手术中，可利用蜂蜜配方保存移植器官。将移植器官放置在常温下的蜂蜜中进行长期保存，经大量临床手术证明，移植器官愈合率高、效果好。将钡粉与蜂蜜混合成乳制剂让患者吞服，可用于食道 X 光片的拍摄。此外，外科手术中还将蜂蜜应用于整容剂。

五、蜂蜜在烟草业中的应用

蜂蜜也被广泛应用于烟草制品中。许多国家在烟草加工过程中，总要加入一些糖类化学成分，以提高烟制品的质量和适口性。由于蜂蜜具有吸湿性，因而能使烟丝滋润、烟草醇香，也可使点燃后的温度不至于过高。据估计，全世界每年用于烟草加工消耗的蜂蜜可达 2000t。

参 考 文 献

安徽恋尚你食品有限公司. 2012. 一种保健蜂蜜奶茶及其制作方法: 中国, CN102669327.

曹炜, 卢珂, 陈卫军, 等. 2005. 不同种类蜂蜜抗氧化活性的研究. 食品科学, 26(8): 352-356.

苟小锋, 曹炜, 索志荣. 2004. 荞麦蜜酚酸含量的高效液相色谱测定及其抗氧化作用的研究. 食品科学, 25(10): 254-258.

郭夏丽, 罗丽萍, 冷婷婷, 等. 2010. 7 种不同蜜源蜂蜜的化学组成及抗氧化性. 天然产物研究与开发, 22(4): 665-670.

刘慈雄. 2012. 一种具有白兰地风味蜂蜜酿造酒的制备方法: 中国, CN102559446.

谭洪波, 王光新, 张红城, 等. 2016. 蜂蜜的营养成分及其功能活性研究进展. 蜜蜂杂志, 36(7): 12-15.

王树金. 1995. 蜂蜜纱条在治疗外科感染性创面上的应用. 新疆中医药, 50(2): 55-56.

于先觉. 2013. 蜂蜜的营养价值. 中国蜂业, (24): 63-64.

余金牛. 1997. 蜂蜜在现代临床医学中的应用. 中国养蜂, 140(3): 12-13.

张红城, 董捷, 张旭, 等. 2009. 油菜蜜中硫代葡萄糖苷及其降解产物的鉴定. 食品科学, 30(20): 363-366.

Daniela K, Ljiljana P, Dragan B, et al. 2009. Palynological and physicochemical characterisation of

Croatian honeys-Christ's thorn (*Paliurus spina-christi* Mill.) honey. Journal of Central European Agriculture, 9(4): 689-696.

Habib H M, Meqbali F T A, Kamal H, et al. 2014. Physicochemical and biochemical properties of honeys from arid regions. Food Chemistry, 153(12): 35-43.

Jeddar A, Kharsany A, Ramsaroop U G, et al. 1985. The antibacterial action of honey. An *in vitro* study. South African Medical Journal = Suid-Afrikaanse tydskrif vir geneeskunde, 67(7): 257.

Martos I, Ferreres F, Yao L H, et al. 2000. Flavonoids in monospecific eucalyptus honeys from Australia. Journal of Agricultural and Food Chemistry, 48(10): 4744-4748.

Silva I A A D, Silva T M S D, Camara C A, et al. 2013. Phenolic profile，antioxidant activity and palynological analysis of stingless bee honey from Amazonas, Northern Brazil. Food Chemistry, 141(4): 3552-3558.

Tomás-Barberán F A, Martos I, Ferreres F, et al. 2001. HPLC flavonoid profiles as markers for the botanical origin of European unifloral honeys. Journal of the Science of Food and Agriculture, 81(5): 485-496.

Yao L H, Jiang Y, Singanusong R, et al. 2004. Phenolic acids and abscisic acid in Australian *Eucalyptus* honeys and their potential for floral authentication. Food Chemistry, 86(2): 169-177.

第三章　蜂王浆的加工与应用

第一节　蜂王浆的生产

一、蜂王浆简介

蜂王浆（royal jelly）又名蜂皇浆，简称王浆，是工蜂头部咽腺分泌的一种黏稠的乳状物质。新鲜纯净的蜂王浆颜色呈白色或带微黄色，具黏性，为半流动浆状物，形态如糨糊状。蜂王浆在蜂群生活中具有极为特殊的用途，它是蜂王幼虫整个发育期及工蜂和雄蜂幼虫前期的唯一食物，类似哺乳动物的乳汁，对蜜蜂幼虫的发育和三型蜂（即蜂王、工蜂和雄蜂）的形成及三型蜂寿命的延长具有重要的作用。

蜂王浆不仅对蜂群有重要作用，由于其独特的营养价值和药用价值，对人类也有着极强的营养保健和医疗用途。早在《圣经》《古兰经》《犹太法典》中就均有食用蜂王浆的记载。例如，古埃及艳后克利奥帕特拉曾食用蜂王浆以保持其艳丽姿容。1954 年，82 岁高龄的罗马教皇皮奥十二世在生命垂危之际服用蜂王浆奇迹般地恢复了健康。我国很早就将蜂王浆用于保健、防病方面，云南少数民族有“蜂宝治百病”的传说，“蜂宝”即蜂王浆，由此可见蜂王浆的神奇。蜂王浆的营养价值和药用作用，都是以其极其复杂的化学成分为物质基础的（刘富海，2001；李位三，1998）。

二、蜂王浆的分类

（一）按蜜粉来源分类

通常以蜜粉源植物花期采集的蜂王浆就称什么蜜粉源植物浆。例如，在油菜花期所采集的蜂王浆称为油菜浆，刺槐花期采集的蜂王浆称为刺槐浆。同理，还有椴树浆、葵花浆、荆条浆、紫云英浆、杂花浆等。

（二）按理化指标分类

按理化指标确定蜂王浆的等级是比较科学的，蜂王浆中含有自然界独有物质王浆酸，即 10-羟基-2-癸烯酸（10-HDA）。我国出口的蜂王浆基本都是依此指标物质来确定其质量和价格，且被国外客户所公认。目前，我国国家标准中一等品蜂王浆的 10-HDA 指标大于 1.4%，而 10-HDA 指标大于 2.0%时，则为蜂王浆中的极品。

（三）按色泽分类

不同蜜粉源花期所采集生产的蜂王浆，其色泽有较大差别，如油菜浆为白色，刺槐浆为乳白色，紫云英浆为淡黄色，荞麦浆呈微红色，紫穗槐浆呈紫色等。可通过蜂王浆的颜色，来区分该蜂王浆是什么蜜粉源植物花期生产的。

（四）按生产季节分类

一般在5月中旬以前生产的蜂王浆可划归为春浆，5月中旬以后生产的蜂王浆划归为夏浆或秋浆。春浆呈乳黄色，是一年中质量最好的蜂王浆，尤其是第一次生产的蜂王浆质量最为上乘，10-HDA含量高。相较而言，秋浆色略浅，含水量比春浆稍低，辛辣味较浓，质量比春浆稍次。

（五）按蜂种分类

根据产浆蜂种的不同可将蜂王浆分为中蜂浆和西蜂浆，前者产自中华蜜蜂，后者产自西方蜜蜂。与西蜂浆相比，中蜂浆在外观上更为黏稠，呈淡黄色，10-HDA含量略低，且中蜂浆产量远低于西蜂浆。目前，市场上出售的蜂王浆绝大部分为西蜂浆。

（六）按产量分类

按产量划分，蜂王浆可分为低产（普通）浆和高产浆。由于蜂王浆为劳动力密集型产品，产量又很低，一般一群蜜蜂一年只能产蜂王浆3～4kg，因而生产成本很高。有关科研人员经过多年育种，培育出一些蜂王浆产量相对较高的蜂种，称为浆蜂，群年产量可达8～10kg，有些育种场还培育出群年产蜂王浆13kg甚至更高的蜂种。

三、取浆流程

蜂王浆是工蜂头部咽腺分泌的一种黏稠的乳状物质，主要分泌在蜂箱中的蜂巢中。因而，为了能够最大量地获得蜂王浆，通常会在蜂箱中增加一部分蜂巢用来生产蜂王浆（葛凤晨等，2005；张复兴，1998）。

（一）生产工序

操作方法：①安装台基，将台基条固定在采浆框上。②为了能够保证生产的蜂王浆干净，先对台基进行清扫，将新组装好的采浆框插入生产蜂群中，让工蜂清理12h，以保证新放入的采浆框无菌及生产的蜂王浆的安全。③新台基经工蜂清扫后，在临移虫时往其底部点少许新鲜蜂王浆，以提高蜂群对移入幼虫的接受率。④用移虫针把 1 日龄左右的幼虫从巢脾的蜂房中移出，放入台基底部中央，每个台基 1 只。⑤装好幼虫后，将含有幼虫的采浆框放入蜂群中，过 3～5h 提出，对未接受的台基补移一次幼虫。⑥补虫后将采浆框放入蜂箱中 48～72h，再将采浆框从蜂群中提出，轻轻抖落框上的蜜蜂，然后用蜂刷把框上余下的蜜蜂扫落到原巢箱门口。把采浆框放入浆框盛放箱，并及时运回取浆室。⑦割台。用锋利小刀将台基加高的部分割去。割台时，要使台口平整，不要将幼虫割破。⑧捡虫。用镊子将幼虫捡出来，不慎割破或镊破的幼虫，要把台内的蜂王浆取出另装。⑨取浆。用取浆器具取浆，尽可能取净王浆，取出的王浆暂存于盛浆容器中。⑩未被清理的台基内往往含有过多的赘蜡，要及时清理台基。⑪蜂王浆采收完成后应立即密封，标明重量、日期、产地，并尽快将其放入冰箱或冷柜中冷冻保存。

（二）过滤处理

由于蜂王浆具有一定的黏稠性，简单的倾倒无法将台基中采浆框里的蜂王浆收集出来，通常需要人工进行收集，而收集的蜂王浆含有一定的杂质，必须经过过滤处理除去其中含有的杂质，以保证蜂王浆的纯净。目前，蜂王浆的过滤主要有以下两种方法。

1. 夹挤法

把蜂王浆装入 80 目的尼龙筛网袋中，扎紧袋口，用木质夹板挤压过滤。该方法简单、易于操作，可有效除去蜂王浆中的杂质。但是，需要耗费较大的物力和人力。

2. 刷滤法

在厚度为 1cm 的有机玻璃圆形桶下固定一个 80～100 目的尼龙筛网做成滤网，使滤网固定地放置在托架上。用有韧性的尼龙丝做成刷毛，其中部固定有轴，与电动机转轴相连。毛刷紧贴尼龙网，网下接无毒塑料桶，倒入蜂王浆，转动电动机，蜂王浆就会从滤网滤出。该方法简单、快速且耗费人力较少，易快速生产。

第二节　蜂王浆的加工

一、蜂王浆的成分

新鲜蜂王浆呈半透明的乳浆状，味酸涩，略带有辛辣味，但回味甜。pH 3.5～4.5，酸价 3.63～4.60mg/g，折光率 1.3817～1.3947。可部分溶于水，其余可与水形成悬浊液。不溶于氯仿等有机溶剂，可部分溶于高浓度乙醇中，并有白色沉淀出现，在浓盐酸或氢氧化钠中可全部溶解。遇光、热、空气或置于室温中均易发生变质并发出难闻刺激性气味。

1852年，人们首次对蜂王浆的化学组成进行分析，发现蜂王浆是一种成分十分复杂的天然产物，它具有生物体内所含有的几乎所有成分。蜂王浆中含有丰富的蛋白质、脂肪酸、糖类、激素、矿物质和微量元素等，这些组分因产地、蜜源、气候、蜂种和取浆时间的不同而存在一定的差异。新鲜蜂王浆的成分大致为水分62.5%～70%、蛋白质11%～14%、总糖14%～17%、脂类4%～6%、灰分1.5%，以及未确定物质2.84%～3%。

蜂王浆干物质中约含有50%的蛋白质，蜂王浆蛋白包括水溶性蛋白和水不溶性蛋白，水溶性蛋白占总蛋白含量的46%～89%，是蜂王浆蛋白的主体部分，称为蜂王浆主蛋白（major royal jelly protein，MRJP）。蜂王浆蛋白中清蛋白约占2/3，球蛋白约占1/3，这与人体血清中的清蛋白和球蛋白的比例大致相同。蜂王浆中氨基酸的种类有18种，包括赖氨酸、组氨酸、精氨酸、天冬氨酸、苏氨酸、丝氨酸、谷氨酸、脯氨酸、甘氨酸、丙氨酸、缬氨酸、亮氨酸、异亮氨酸、酪氨酸、苯丙氨酸、胱氨酸、色氨酸和甲硫氨酸。其中，脯氨酸含量最高，占总氨基酸的60.0%以上；其次为赖氨酸，占20.0%；精氨酸、组氨酸、酪氨酸、丝氨酸、胱氨酸含量亦较高。对人体最有营养价值的必需氨基酸，在蜂王浆中都可以找得到。

蜂王浆含有丰富的游离脂肪酸，约占蜂王浆重量的0.8%。目前，已鉴定出的有琥珀酸、壬酸、癸酸、十一烷酸、月桂酸、十三烷酸、亚油酸和花生酸等，其中以10-HDA最为重要，占鲜蜂王浆的1.4%～2.0%。到目前为止，10-HDA只在蜂王浆中得以发现，它是蜂王浆特有的天然不饱和脂肪酸，因而10-HDA被用来当作蜂王浆的标志性成分。

蜂王浆中的碳水化合物主要包括葡萄糖、果糖、蔗糖、核糖、复合酮糖等。蜂王浆中碳水化合物含量的伸缩性较大，为20%～39%，其中果糖占52%，葡萄糖占45%，麦芽糖占1%，龙胆二糖占1%，蔗糖占1%。这些糖类物质使得蜂王浆带有甜味。

此外，蜂王浆中还含有多种矿物质成分，且易被人体吸收。除钙、磷、钾、钠、镁等常量元素外，还含有人体所必需的且具有多种生理功能的多种微量元素，如具有防癌抗癌作用的硒、铁、钼、铜，与糖尿病有关的锌、铬、锰等。

二、蜂王浆蛋白的种类及分离

（一）蜂王浆蛋白的种类

蜂王浆蛋白占蜂王浆液体组合物的50%，是其主要的功能性物质和营养物质。目前，对于蜂王浆的功能性研究主要集中在对蜂王浆蛋白的种类确定及功能性分析。

蜂王浆蛋白因其具有的生理功能性一直备受科学家的青睐。据研究报道，蜂王浆蛋白中含量最为丰富的是 MRJP，分子质量为 49～87kDa。Schmitzova 等（1998）通过纯化蛋白的 N 端测序和蜜蜂头部基因 cDNA 文库中的 cDNA 序列，以十二烷基硫酸钠-聚丙烯酰胺凝胶电泳（SDS-PAGE）为验证，以 N 端序列的相似序列鉴定了 MRJP 的种类和分子质量，并由此方法确认得到了 MRJP1、MRJP2、MRJP3 和 MRJP5。Sano 等（2004）通过双向凝胶电泳（2-DE）技术将 MRJP4 鉴定出来。此外，Song-kun 等（2005）和 Albert 等（1999）也进行了 MRJP3 的序列分析及性质研究，Kamakura 等（2002，2001a，2001b）研究了 MRJP1 的功能性质。目前，国内外对 MRJP 有很多研究成果，但是对蜂王浆中其他分子质量的蛋白质，如分子质量小于 10kDa 和大于 100kDa 的蜂王浆蛋白研究则较少。

在分子质量小于 10kDa 的蜂王浆蛋白方面，Fujiwara 等（1990）发现意大利蜜蜂（*Apis mellifera*）的蜂王浆中含有天然抗菌肽 Royalisin，分子质量为 5523Da，其在低浓度时对革兰氏阳性菌就有很强的抗菌性，但对革兰氏阴性菌则没有抗菌性。Bilikova 等（2002）从意大利蜜蜂蜂王浆中分离纯化了一种富含丝氨酸和缬氨酸的天然肽 Apisimin，分子质量为 5540.4Da，并发现其无抗菌活性，但易于与 MRJP1 形成低聚体。Fontana 等（2004）从意大利蜜蜂蜂王浆中纯化出 4 种抗菌肽，分别为 Jelleine-Ⅰ、Jelleine-Ⅱ、Jelleine-Ⅲ和 Jelleine-Ⅳ，发现 Jelleine-Ⅰ、Jelleine-Ⅱ、Jelleine-Ⅲ对酵母、革兰氏阳性菌、革兰氏阴性菌有特异性抗菌作用，而 Jelleine-Ⅳ在所有的实验中均表现出抗菌性，并验证了 Jelleine 蛋白家族是 MRJP1 的裂解产物。此外，我国的肖静伟和李举怀（1996）也从蜂王浆的水溶性物质中分离纯化出一种富含甘氨酸的抗菌小肽，分子质量为 2300Da，发现其对革兰氏阳性菌具有明显的抗菌活性。目前，已报道发现的蜂王浆中的肽仅有上文所述几种，且 Royalisin 与 Apisimin 分子质量极为相近，却表现出不同的功能。分子质量为 2300Da 的抗菌小肽与 Royalisin 功能相近，但分子质量却不同。Jelleine 蛋白家族不是蜂王浆中的天然肽，而是 MRJP1 的裂解产物。

在分子质量大于 100kDa 的蜂王浆蛋白方面，Shougo 等（2009）利用 HPLC 分离出一种 420kDa 的大分子蛋白质。Schonleben 等（2007）利用 SDS-PAGE 技术发现了分子质量大于 100kDa 的蛋白质，分子质量为 116kDa 和 250kDa。但以上研究对这几种大分子质量蛋白质都没有进行更为深入的分析研究。Han 等（2011）利用 SDS-PAGE、2-DE 和高效液相四倍飞行时间串联质谱发现了蜂王浆中的 19 种新蛋白质，并发现这 19 种新蛋白质主要与氧化还原、蛋白质交联和脂肪转换功能有关。

（二）蜂王浆蛋白的分离

蛋白质的分离方法主要有柱层析法、电泳法、高效液相色谱法、毛细管电泳法等。其中，层析法主要包括尺寸排阻层析、离子交换层析、疏水层析和亲和层析。电泳法主要包括单向电泳（SDS-PAGE）、2-DE 和非变性聚丙烯酰胺凝胶电泳（native-PAGE），醇溶蛋白电泳（A-PAGE）主要用于分离小麦、玉米、花生和豆类等作物种子中的醇溶蛋白及鉴定醇溶蛋白与种子遗传之间的关系。

目前，国内外对蜂王浆蛋白的分离纯化主要依赖柱层析与 SDS-PAGE，且柱层析主要采用的是离子交换层析和尺寸排阻层析，但所采用的柱材在分离精度和范围上有一定的局限性。例如，Schmitzova 等（1998）分离纯化蜂王浆蛋白采用 DEAE-52 柱，经多次上柱分离纯化出两种蛋白质，分别为 MRJP1 和 MRJP2。Bilikova 等（2002）利用 DEAE Sephadex 分离出了 Apisimin。Sano 等（2004）利用 DEAE-5PW 柱、Resorce Q 型柱、Hep-arin-5PW 柱和 Superdex-200 凝胶柱分离得到了 MRJP3。Jozef（2001）采用 Bio-gel A-1.5m 柱（75～150μm，柱长 50cm，柱径 1.6cm）分离得到了高分子质量蛋白质和低分子质量蛋白质，并采用阴离子交换树脂 QAE-Sephadex A-25 得到蜂王浆蛋白的三个蛋白质组。Chen C 和 Chen S Y（1995）采用 Sepacryl S-200 对蜂王浆水溶蛋白进行分离，得到了两个蛋白质混合物。上述这些柱层析方法大多采用的是单一柱层析方法，如离子交换层析（DEAE-52、DEAE Sephadex、DEAE-5PW 等）或尺寸排阻层析（Sephadex G-100、Bio-gel 等），进行反复上样分离，其分辨率不高。尤其是对于分子质量集中、等电点相近的蜂王浆蛋白 MRJP，利用一种柱层析方法很难将其分离纯化，如 MRJP3、MRJP4 和 MRJP5 目前都未能被纯化出来。

此外，反相高效液相色谱法也普遍应用于蜂王浆蛋白质的研究。Stocker（2003）利用 C_8 反相柱，采用流动相含 0.1%三氟乙酸的超纯水和含 0.1%三氟乙酸的乙腈对阴离子色谱分离的峰进行了纯化。许建香等（2009）采用 C_4 反相柱，测定蜂王浆水溶性蛋白（WSP）、WSP 的纯化蛋白 1（MRJP1）和 2（MRJP2）、WSP 的酶解产物（P-WSP、T-WSP 和 PT-WSP），以及从 WSP 和酶解产物中分离到的不同肽段（＞3kDa，1～3kDa 和＜1kDa）等对血管紧张素转换酶（ACE）的抑制作用。肖静伟（1993）利用 C_{18} 反相柱，采用超纯水和 95%的乙醇进行线性洗脱，检测分离出蜂王浆蛋白质的纯度。

三、蜂王浆的加工产品

蜂王浆属天然的强壮滋补剂，可直接服用，但适口性较差，计量难以把握，且服用也不方便。尤其是鲜浆状态的蜂王浆，常温下其所含有的生物活性物质极易被破坏而影响效果。因此，为了克服上述服用方式的不足，通常会将鲜浆状态下的蜂王浆进行再加工，然后再进行食用。目前，对蜂王浆的加工主要是将其制备成粉末、片剂或胶囊制剂。

（一）蜂王浆冻干粉

将鲜王浆经低温冷冻干燥制成干粉，可存放三年质量不变，且便于贮存和运输。加水后能恢复至原来状态，色香味和鲜王浆相似，是最理想的剂型之一，比喷雾干燥、薄膜干燥更具优势。

1. 原理

水的三种状态由压力和温度决定，根据压力和温度的变化可构成一个水的三相关系。水、冰、水蒸气可以同时存在的三相点的温度是0.01℃，压强为4.6mmHg①。冰和水蒸气同时存在的共存线的压强为4.6mmHg以下，也就是说，在这个压强以下水只以固态和气态两种形态存在，不存在液态。此时即使对冰加热，冰也不会融化成水，只能直接升华成水蒸气。根据这个特性，将蜂王浆在低温下快速冻结，然后在压强小于4.6mmHg的真空条件下供给升华热，使蜂王浆中的细腻冰晶直接升华成水汽逸出。由于对蜂王浆的干燥处于低温条件下进行，因而干燥过程中蜂王浆不易产生气泡、氧化、浓缩，可最大程度上使生物活性成分免受破坏，从而保证了产品具有更高的质量。

2. 主要设备

过程中使用的设备包括冷冻干燥机和封口机等。冷冻干燥机是完成预冻、升华和干燥的系统设备，它由冷冻系统、干燥系统（包括干燥室、冷凝器等装置）、真空系统及控制系统等组成（图3-1）。

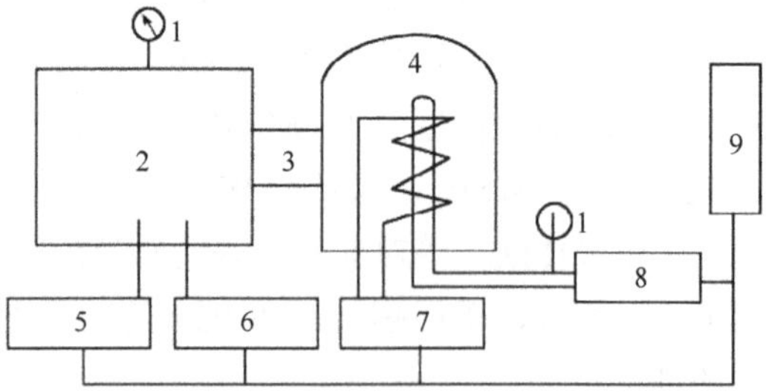

图3-1　冷冻干燥机示意图

1. 真空计；2. 干燥室；3. 通道；4. 冷凝器；5. 冷却装置；6. 供热装置；7. 制冷装置；8. 真空组；9. 操纵台

①1mmHg=1.333 22×10^2Pa

3. 制作方法

（1）加工流程

蜂王浆加水 ⟶ 搅拌均匀 ⟶ 过滤 ⟶ 分装 ⟶ 冷冻 ⟶ 真空蒸发 ⟶ 破碎 ⟶ 过筛 ⟶ 分装成袋 ⟶ 封口

（2）操作方法

①于蜂王浆中加等量的蒸馏水并搅拌均匀，用 100 目尼龙纱网过滤，除去杂质。②把过滤好的蜂王浆分装入盘中，厚度 8～10mm，或装入安瓿架上的安瓿内，暂不封口，放入冷冻干燥室内。③开动冷冻干燥机，将真空干燥室的温度降至−40℃，使蜂王浆快速冻结，然后将真空度控制在 10mmHg 左右，让蜂王浆料温保持在−25℃上下，冷凝器的温度保持在−50℃上下，形成较大的蒸汽压差，促进水蒸气的排出。同时给冷冻干燥机部件加热，传给料盘，促进水分的升华。1kg 冰的升华热为 2813kJ，1kW·h 电的热能为 3600kJ，因而 1kW·h 电可满足 1kg 水升华的热能需要。真空低温干燥持续 12h 左右后，蜂王浆物料的水分已降至 10%上下，达到初步干燥的目的，但不能长期保存，必须继续干燥。这时可把干燥室的温度提高到 30℃，最高不超过 40℃，持续 4～6h，让水分快速蒸发，使其降至 2%上下，干燥即告完成。是否干燥的判定依据为蜂王浆干粉和保持恒温的搁板的温度，或泵组与干燥室的真空度基本一致，并能保持一段时间。④未加水而直接放入干燥室进行冷冻干燥的蜂王浆，通常只需要 12h 就可完成干燥，但在脱水后蜂王浆会形成块状，且质地坚硬，需加以粉碎并过筛，以使其便于应用。有时在蜂王浆中加入部分医用淀粉后再进行冷冻干燥，这种产品常呈板结状，加水不能复原，经粉碎过筛，可作为加工蜂王浆胶囊和片剂等产品的原料。

（3）封口保存

蜂王浆冻干粉具有很强的吸湿性，封口时必须要在相对湿度低于 60%的室内进行，分装封口和安瓿封口都须快速进行。必要时可采用真空封口或充氮封口。

（二）胶质薄膜蜂王浆

胶质薄膜蜂王浆是在常温减压的条件下生产的，经免疫增强指标实验证明，其产品完全能保持与鲜王浆同样的生物活性。由于加工过程中未经冷冻，因而设备比较简单，价格相对低廉，应用更为方便。

1. 原理

加工胶质薄膜蜂王浆是利用薄膜蒸发面积大及减压蒸发的原理，把鲜王浆薄膜的温度保持在 34.5℃，让水分蒸发。该温度正好是工蜂咽下腺分泌产生蜂王浆及蜂王和蜜蜂幼虫取食蜂王浆的温度。蜂王浆在这种温度下短时间（低于 10h）

一般不会变质。

2. 加工方法

将新鲜蜂王浆涂敷在经过消毒的干净玻璃板上，放入真空干燥机内，把干燥机内的气压抽降到 39.6mmHg 以下，温度保持在 35.5℃，经数小时蒸发，可以使鲜王浆中的水分降低至 5%以下。然后把蜂王浆胶质膜铲下，即获得胶质薄膜状干蜂王浆。这种干蜂王浆容易吸收空气中的水分而复原，因此应在相对湿度较低条件下立即用气密性、水密性良好的塑料薄膜进行真空或充氮封口包装。

（三）蜂王浆注射液

蜂王浆注射液是一种特殊的剂型，不同于鲜王浆其他口服的蜜剂和固体剂型，它是装进安瓿瓶中用于注射的针剂，pH 为 2.5～5.5，每毫升含量为 25～50mg。蜂王浆注射液加工的工艺流程是将冷冻蜂王浆混悬在少量的 95%乙醇中，搅拌均匀，并滤去不溶物，滤出的不溶部分再用 30%乙醇溶解、搅拌、过滤。把滤液和用 95%乙醇溶解的滤出液混合，加蒸馏水，使溶液中含醇量为 30%，加适量盐酸普鲁卡因和三氯叔丁醇等附加剂，调整 pH 至 2.5～5.5。用无菌砂滤棒过滤，在通二氧化碳条件下进行灌封，经灯检和真空箱检漏后分装，贴上标签。

皮下或肌内注射，每日注射 1ml，含蜂王浆 20～50mg，连续用一个月。需注意的是，使用时应注意是否有过敏反应。有过敏反应应立即停用。可改为服口服蜂乳、王浆蜜、王浆干粉等其他剂型的蜂王浆产品。

（四）蜂王浆软胶囊

蜂王浆软胶囊是中国农业科学院的专利产品，它有效提高了蜂王浆的贮存时间和活性物质的稳定性。

1. 鲜蜂王浆低温真空干燥技术

流程如下：

鲜王浆 → 过滤 → 装盘 → 预冻 → 低温冷冻干燥 → 干粉 → 粉碎 → 蜂王浆干粉

2. 蜂王浆软胶囊的配方

蜂王浆干粉 33%、色拉油 53%、蜂蜡 1.5%、卵磷脂 2.5%。

3. 加工技术

上述物料混合后用高速搅拌机拌匀，并及时分装。

4. 产品优势

现有蜂王浆产品如鲜纯蜂王浆为第一代产品，它必须在低温（−18℃）下冻存，否则很快便会变质。对长期出差在外的消费者而言携带极为不便。随后有第二代产品，即蜂王浆干粉、片剂和硬胶囊，这类产品虽然在常温下可以贮存，但易吸潮变质。而本专利产品蜂王浆胶囊属第三代产品，该产品可在常温下贮运，且携带方便，不吸潮，保质期可达 3 年之久。

（五）王浆花粉晶

蜂王浆类的加工产品还包括添加了蜂王浆的混合制品，例如：①蜂乳，为在蜂王浆中加入了蜂蜜；②双宝素，为在蜂王浆中添加了人参、蜂蜜等原料；③还有蜂乳晶及王浆花粉晶等。在此，对其产品生产工艺不一一详述，只对王浆花粉晶的工艺做简要介绍。

王浆花粉晶又称固体王浆花初蜜，为颗粒剂型，保持了天然蜂产品的特色，集中了主要蜂产品的精华，通过科学方法加工而成，具有较明显的疗效和滋补功效。

操作方法：①鲜王浆预处理。在鲜王浆中加入等量蒸馏水，搅拌均匀，以 80 目筛网过滤，除去杂质后备用。②花粉预处理。选定花粉品种，精选去杂，用乙醇灭菌，加蒸馏水软化备用。③蜂蜜预处理。把蜂蜜用蒸汽或水浴解晶，先用 60 目筛网粗滤，巴氏灭菌后用 100 目筛网过滤备用。④辅料预处理。将蔗糖粉碎后，过 80 目筛孔过滤。淀粉、奶粉用 100 目筛网过筛，然后和糖粉混匀备用。⑤制面。将预处理的各原料按规定比例混合搅拌制成面团。先把蜂蜜倒入食品搅拌机内，再把王浆倒入冷却的蜂蜜中，搅拌均匀，然后慢慢加入花粉，继续搅拌。最后依次加入奶粉、淀粉、糖粉，搅拌混合均匀。需注意粉料应缓慢加入，以免结块，搅拌要彻底、均匀。⑥制线条。把干湿适中的面团制成湿的面线条，均匀散放在托盘上。若没有颗粒成型机，可用压挤面团使其从 10～12 目筛网通过的办法制条。⑦烘干。将装有湿润面线条的托盘推进烘干机内，于 45～50℃温度下减压烘干。切忌温度过高，以免破坏蜂王浆和花粉的活性成分。⑧过筛。将干燥的面线条压断，通过 10～40 目筛网，取筛网上的面颗粒作为成品。⑨喷香。把颗粒摊平，均匀地喷上一薄层香精雾滴，将喷香后的干燥颗粒混合均匀后加盖密闭。⑩分装。将上述制备好的颗粒分装成标准产品，并贴上标签。

第三节　蜂王浆的鉴别

一、产品标识识别

市场上销售的成品蜂王浆剂型多样，普通消费者可从以下几个方面来做简单甄别。一是看产品原料来源地，中国是世界上蜂王浆产量最高、出口最多的王浆产地。其中，质量又以青海青藏高原的产品为最佳上乘品，其所含有的 10-HDA 含量为世界最高。二是看产地及生产厂家，好的生产厂家会对蜂王浆进行及时保鲜，这样的蜂王浆在到达消费者手中时其营养成分可以保存得更好。三是看中国或国际批文，应选择具有“三证”（即营业执照、卫生许可证、税务登记证）的正规商店或蜂产品专卖店进行购买，以保障产品质量。切记不可购买“三无”蜂王浆（即无厂名厂址商标、无批准文号、无生产日期）。

二、品质实验鉴别

需注意仅通过包装对蜂王浆质量的优劣进行评价难度较大，因为制假者通常会自己制作一些产品标识，对于普通消费者很难正确把握。因而，采用品质识别可以更有效地鉴别蜂王浆的优劣。下面介绍两种蜂王浆中掺入其他物质的简单辨别方法。一种是掺入了淀粉的蜂王浆制品的鉴别，在实验的蜂王浆制品中滴入一两滴碘酒，纯王浆制品遇碘后呈浅黄色或橙黄色，而掺入了淀粉的蜂王浆制品遇碘则变成蓝色或紫色。另一种是掺入了乳制品蜂王浆的鉴别，将实验产品与数滴食用碱在常温下搅拌均匀，若悬浮物全部溶解，并呈浅黄色透明状，说明该样品是纯蜂王浆。若不溶解，且呈浑浊状，则说明该样品蜂王浆中掺有乳制品。

三、物理状态鉴别

新鲜的蜂王浆颜色呈乳白色到淡黄色，个别呈微红色，蜂王浆颜色的深浅主要取决于蜜粉源及其新鲜程度和质量的优劣。如荞麦、山花椒等蜜粉源，其花粉色较深，所产的蜂王浆呈微红色。而花粉色浅的油菜、刺槐、荆条等蜜粉源，所产的蜂王浆颜色则呈乳白色或淡黄色。此外，因贮存方法不当、贮存时间过长及加工方法不当造成污染或掺有伪品的鲜王浆颜色较深，反之则淡。

目前，世界各国对蜂王浆的质量要求不尽相同。如日本侧重于以 10-HDA 的含量判定蜂王浆质量的好坏，而欧美国家则侧重于感官指标和水分。10-HDA 确实是蜂王浆的重要成分，可用来衡量蜂王浆的真假，但 10-HDA 性质稳定，即使王浆变质了，其中 10-HDA 的含量也几乎没有变化。因此，以 10-HDA 的含量来衡量蜂王浆的质量具有片面性，是不科学的。我国的蜂王浆 10-HDA 的含量要求在 1.4%以上。优等蜂王浆为乳白色，光泽明显，无杂质、气泡，香气浓、气味正，有明显酸涩、辛辣味，回味略甜，且不得有发酵、发臭等异味，水分占 62.5%～67.5%。

第四节　蜂王浆的贮存

一、蜂王浆在贮存过程中的变化

蜂王浆只有在新鲜状态或贮存良好的条件下才能发挥其应有的保健作用，但消费者想要获得刚从蜂群中生产出来的新鲜蜂王浆是不容易的。因此，蜂王浆在贮存期间设法保持其新鲜度就显得格外重要。

蜂王浆在贮存过程中会发生褐变，且褐变程度会随着时间而增加。研究发现，蜂王浆的褐变与蛋白质有关，是蛋白质糖基化的结果，为美拉德反应。

张红城等（2007）对蜂王浆在常温贮存条件下品质的变化进行了研究，分别从SDS-PAGE电泳结果、蛋白糖化程度测定结果、蜂王浆褐变反应产物游离荧光的三维谱图分析、蜂王浆中末端糖基化产物（advanced glycation end product，AGE）的波长扫描谱图分析、蜂王浆褐变产物（pentodilysine）波长扫描分析和蜂王浆中羧甲基赖氨酸（CML）含量的测定6个方面进行了分析讨论，获得的结果如图3-2～图3-7所示。

（1）SDS-PAGE电泳结果

在图3-2中，第1～5道分别为常温贮存条件下4个月、3个月、2个月、1个月和新鲜蜂王浆样品，由图3-2中可以清楚地看到蜂王浆的蛋白质条带。新鲜蜂王浆60.7kDa和85.2kDa的蛋白质条带很清晰。而随着时间的增加，这两个条带逐渐变浅，当贮存3、4个月后已经降解得几乎看不清条带。此外，由图3-2还可以看出新鲜蜂王浆的33.4kDa和29.0kDa蛋白条带不甚清晰，而1个月后有条带出现，当贮存2、3个月后条带明显，在4个月时条带清晰可见。因此可以推断，在常温贮存过程中蜂王浆的85.2kDa和60.7kDa逐渐降解，同时一些小分子质量的蛋白质33.4kDa和29.0kDa随之增加，并且这些小分子蛋白质的产生与大分子蛋白质的降解有关。有研究报道，85.2kDa处的蛋白质为葡萄糖氧化酶，60.7kDa的蛋白质为MRJP-4。因而，蜂王浆在常温贮存条件下品质的变化与葡萄糖氧化酶

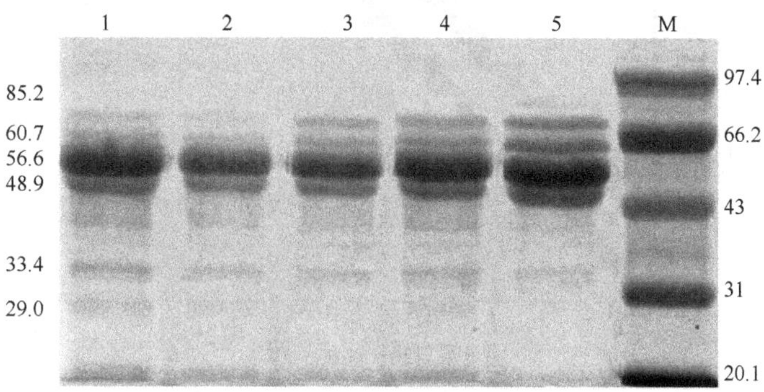

图3-2　常温贮存条件下蜂王浆的电泳结果（两侧数据单位为kDa）

和 MRJP-4 的降解有关，并且 85.2kDa（葡萄糖氧化酶）和 60.7kDa（MRJP-4）可作为衡量王浆新鲜程度的指标。

（2）蛋白糖化程度测定结果

新鲜蜂王浆本身就含有糖化蛋白，57kDa 和 350kDa 的蛋白质就是糖化蛋白。研究测得贮存 72h 的蜂王浆糖化蛋白的含量为 14mg/g 左右，实际上就是王浆本身糖化蛋白的含量。而随着贮存时间的增加，王浆糖化蛋白的含量也逐渐增加（图 3-3），这表明王浆中的蛋白质在常温贮存过程中发生了糖基化反应，致使贮存 5 个月后的王浆中糖化蛋白的含量增加到 38mg/g，含量是新鲜王浆中糖化蛋白含量的 2.7 倍。贮存过程中产生的糖化蛋白是蜂王浆中的蛋白质与还原糖发生非酶促糖化反应的产物。由此可以推断蜂王浆的褐变是美拉德反应。

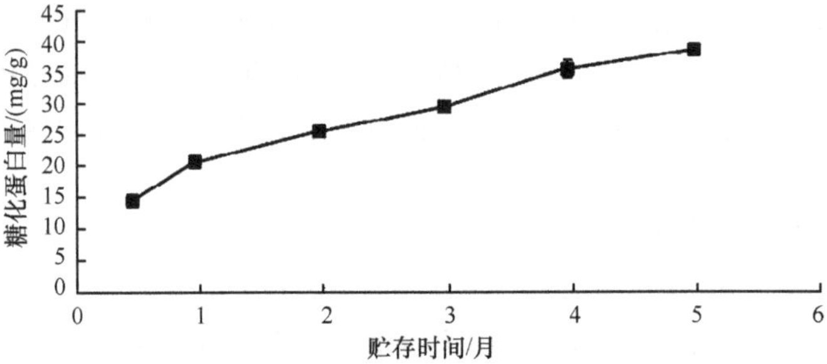

图 3-3　蜂王浆在常温贮存条件下糖化蛋白的变化

（3）蜂王浆褐变反应产物游离荧光的三维谱图分析

在图 3-4 中，主要荧光峰的 λ_{ex} 集中在 315～335nm，λ_{em} 集中在 405～425nm。有研究报道游离荧光的荧光峰为 400～600nm，因此，蜂王浆中存在游离荧光化合物。Ferrer 等（2005）报道游离荧光化合物可通过美拉德反应和乳糖的同分异构化两种反应路径形成，其中美拉德反应更为重要。目前，已知作为美拉德反应产物的

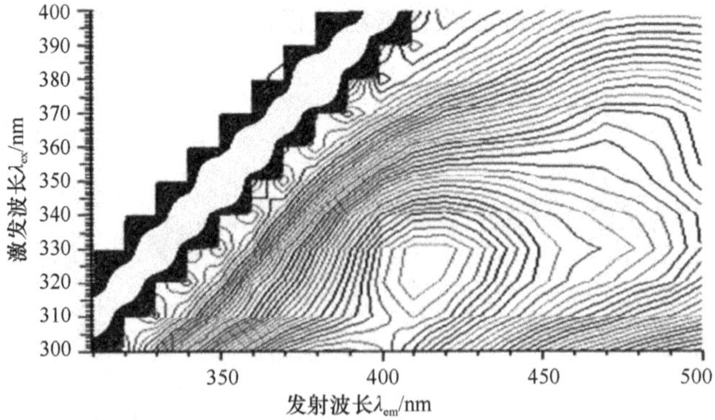

图 3-4　蜂王浆褐变产物游离荧光的三维谱图（彩图请扫封底二维码）

游离荧光化合物为 AGE（λ_{ex}=347nm，λ_{em}=415nm）；戊糖素（pentosidine，λ_{ex}=335nm，λ_{em}=385nm）；pentodilysine（λ_{ex}=366nm，λ_{em}=440nm）；交联物（cross-line，λ_{ex}=379nm，λ_{em}=463nm）；吡哆啉（pyrropyridine，λ_{ex}=370nm，λ_{em}=455nm）；精氨嘧啶（argpyrimidine，λ_{ex}=320nm，λ_{em}=382nm）。蜂王浆中的游离荧光化合物主要是 AGE 和 pentodilysine。

（4）蜂王浆中 AGE 的波长扫描谱图分析

在图 3-5 中，0 为新鲜蜂王浆，1～6 为在室温下分别贮存 1～6 个月的蜂王浆。从荧光强度方面看，随着蜂王浆贮存时间的延长，荧光强度呈上升趋势，从新鲜王浆的 4.528 上升到 13.10，上升了 8.572 个单位。荧光强度的上升说明美拉德反应随蜂王浆贮存时间的延长而加剧，从而导致蜂王浆中 AGE 不断地生成和积聚。另外，从谱峰的位置看，随着蜂王浆贮存时间的延长，谱峰位置向左发生了迁移，即蓝移。由新鲜王浆的 426.8nm 迁移到 413nm，迁移了 13.8nm。由此，我们可以推知，蜂王浆在常温贮存过程中，其 AGE 荧光光谱会发生蓝移，也就是 AGE 的结构发生了变化。

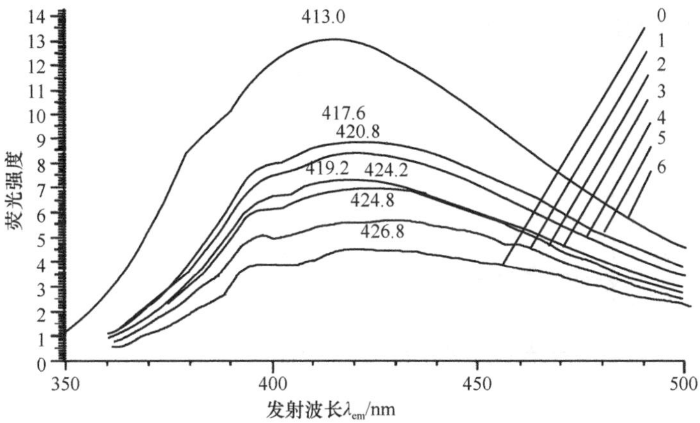

图 3-5 蜂王浆中 AGE 的波长扫描谱图

（5）蜂王浆褐变产物（pentodilysine）波长扫描分析

在图 3-6 中，0～6 为新鲜的和在室温下分别贮存 1～6 个月的蜂王浆。从谱峰的位置上看，当 λ_{ex}=366nm 时，新鲜王浆中 pentodilysine 在 λ_{em}=445.8nm 处有一个最大荧光峰，在 λ_{em}=422nm 处有一个肩峰。在室温下放置 1～6 个月后，谱峰位置发生蓝移。贮存 6 个月后的王浆中 pentodilysine 的最大荧光峰出现在 λ_{em}=440nm，比新鲜的王浆迁移了 5.8nm。从荧光强度看，随着蜂王浆贮存时间的延长，荧光强度呈上升趋势，由新鲜蜂王浆的 3.819 升至 6.130，上升了 2.311 个单位，表明蜂王浆中 pentodilysine 的含量随贮存时间的延长而增加。

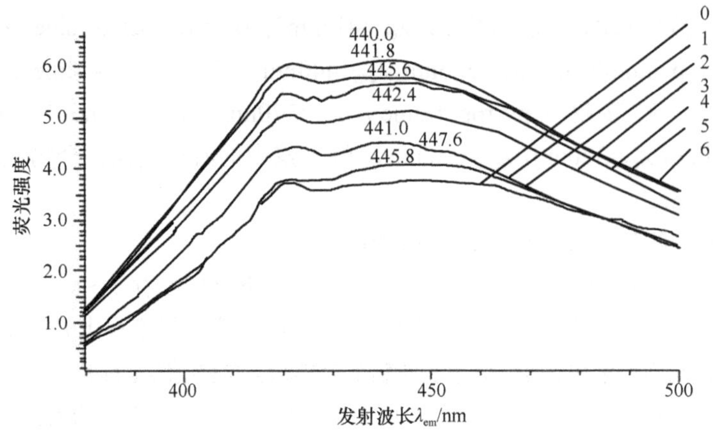

图 3-6　蜂王浆中 pentodilysine 的波长扫描谱图

（6）蜂王浆中 CML 含量的测定

由图 3-7 可以看出，蜂王浆在常温贮存过程中，其 CML 含量呈上升趋势，新鲜蜂王浆中 CML 的含量为 9.04ng/ml，贮存 6 个月后 CML 含量上升至 23.82ng/ml，是新鲜蜂王浆 CML 含量的 2.63 倍。CML 作为晚期蛋白美拉德反应的生物学指标，表明蜂王浆随着贮存时间的延长，其美拉德反应程度在加剧。

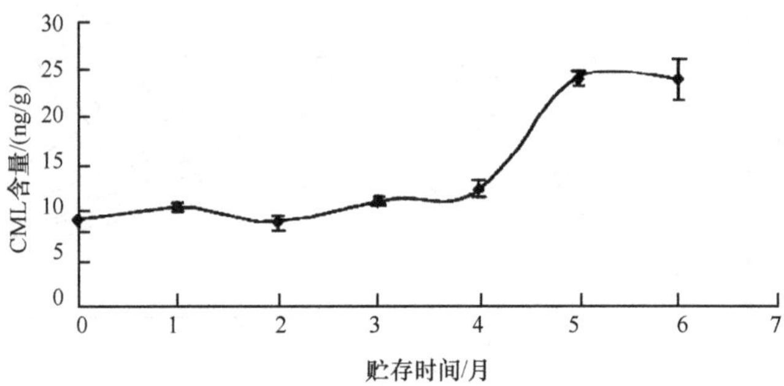

图 3-7　蜂王浆中 CML 含量的变化

CML 是 AGE 受体的配体，在糖尿病、动脉粥样硬化、老年痴呆、骨质疏松症等疾病及老化、肾移植和透析中发挥着相关作用。体外实验证实，氧化是 CML 形成所必需的，在无氧条件、过氧化物酶、超氧化物歧化酶和抗氧化剂存在时，CML 形成均降低。因此，蜂王浆中过量的 CML 产生的影响不仅仅是使蜂王浆产品质量下降，营养物质流失，更为重要的是对人的身体将产生不利的影响，促使某些疾病如糖尿病的发生和人体的老化。因此，检测蜂王浆中 CML 的含量是非常有必要的，可以把 CML 作为蜂王浆新鲜度的质量指标。

二、影响蜂王浆新鲜度的主要因素

影响蜂王浆质量（新鲜度）的因素有很多，主要可分为贮存时间和条件两个方面，现从贮存条件角度加以概述。

（一）温度

较高的温度易使蜂王浆失去活性，甚至变质。实践证明，使用 5℃下贮存一年的蜂王浆来饲喂蜂王幼虫，不能使其发育成蜂王。这表明能够促进幼虫分化为蜂王的某些物质已经分解。张红城等（2007）研究了蜂王浆贮存温度对蜂王浆中蛋白质的影响，实验发现，随着温度的升高，王浆中两种水溶性蛋白 85.2kDa（葡萄糖氧化酶）和 60.7kDa（MRJP-4）在常温贮存过程中发生降解，且比 57kDa 蛋白降解得更为明显。

（二）光线

蜂王浆中不少化合物含有极为活泼的基团，如醛酮基等。这些基团在光的作用下会很快发生化学反应，使其失去原有的特性。

（三）空气

蜂王浆有很强的吸氧能力，其含有的许多化学基团容易和空气中的氧发生氧化反应。而如果将温度降至−18℃，这种氧化反应就会受到很大程度的抑制作用。

（四）酸碱

蜂王浆能够溶解在酸性和碱性的介质中，在溶解状态下，蜂王浆质量更不稳定。

（五）金属

蜂王浆呈酸性，它能够与金属，特别是锌、铁等发生反应，腐蚀金属。且金属进入蜂王浆，蜂王浆同样会受到金属的污染。因此，选用的取浆和贮浆用具不应为一般的金属制品。

（六）细菌

蜂王浆虽然含有如 10-HDA 等多种有机酸，pH 为 3.5～4.5，对细菌具有较强的抑制作用，但不等于能杀灭所有的细菌。特别是酵母菌，在温度适宜且在有蜂王幼虫体液存在的条件下，极易引起蜂王浆的发酵。将蜂王浆置于阳光下直射，当浆温达到 30℃时，只需几十小时就可以使蜂王浆因发酵而产生大量气泡。

除上文所述条件以外，蜂王浆在冷热交替、振动和换瓶时也容易变质。

三、蜂王浆的贮存方法

蜂王浆的贮存不仅是其生产过程的重要一环，同时也是经营单位贮运和用户使用过程中不容忽视的重要环节。为了使蜂王浆能够保持较高的新鲜度，生产时应把鲜王浆装进洁净、干燥、消毒的聚乙烯塑料瓶或其他不透光的专用瓶内，且要装满、盖严、密封，最好定容定量，如每瓶净重 1000g，并标明生产日期和生产者姓名。切忌把蜡屑、浆垢和蜂王幼虫体液混进浆内。没有达到上述要求的，在收购时要进行转瓶。从影响蜂王浆新鲜度的因素可知，蜂王浆有“六怕”，即怕热、怕光、怕空气、怕酸碱、怕金属和怕微生物污染。从光、空气、酸碱、金属对蜂王浆质量的影响来看，只需通过一般处理就可解决。唯有预防蜂王浆过度受热和微生物污染方面较为困难。但通过国内外蜂业科技工作人员的努力，现已探索出了一些妥善的解决办法，方法如下。

（一）深度冷冻贮存法

对经营单位及加工厂家，作为长期贮存的蜂王浆商业原料，当达到一定数量后应装箱打包送入−18℃以下的低温冷库贮存。此温度下由于蜂王浆内最敏感的活性物质分解减缓，氧化反应终止，微生物生长受到抑制，因而可贮存数年且质量稳定。如蜂王浆数量较少，可放在−18℃以下的冰柜里贮存。没有条件的也应把蜂王浆放在−2℃以下贮存。在此温度下，蜂王浆经一年左右其成分变化甚微。

（二）^{60}Co 辐照处理暂存法

采用 ^{60}Co 辐照灭菌的蜂王浆，不会引起挥发性物质损失，短期内常温贮存不会变质，基本成分损失很少。据陕西省农业科学院果树研究所和江苏省农业科学院研究，用 40 万伦琴（R[①]）强度辐照瓶装蜂王浆后，常温保存 90 天，然后与 0℃条件下保存的蜂王浆比较，其还原电位、pH、糖分含量和 26 种微量元素均无明显差异。两年以后检查 10-HDA，其含量和两年前比较变化很小。但生物学效应可能会有较大变化，尚待进一步的研究，因而应尽可能选用冷冻贮存。

（三）蜂场就地简易暂存法

蜂场刚生产出的鲜王浆如果既不能立即交售给收购单位，又缺乏低温贮存条件，可采取下列简易方法作短暂贮存，但须强调这是不得已的措施。

---

①$1R=2.58\times10^{-4}C/kg$

1. 井内贮存

炎热季节井水温度低于气温，可把蜂王浆瓶盖拧紧，放进不漏水的塑料瓶内，扎紧瓶口，用长绳把塑料袋放进井水下暂存。

2. 地洞贮存

在养蜂员住的室内或帐篷里，挖一个0.5～1m深的地洞以贮存蜂王浆。同时，蜂王浆应放进冷水中，上半段盖铺湿手巾，让水分挥发吸收汽化热，以降低温度。毛巾需经常重新泡湿，冷水升温后应及时调换。

3. 蜜桶贮存

蜜桶内的蜜温比气温变化小，在运输途中，把密封的蜂王浆瓶浸入蜜桶中央不让其上浮，途中或到达目的地后取出销售，或转入冰箱、冰库贮存。

4. 脱水贮存

新鲜王浆通过低温真空干燥或常温真空干燥将其制成蜂王浆干粉或胶质薄膜干王浆，既能保持鲜王浆原有的成分和效应，又便于贮存，不但贮存时营养比鲜王浆损耗少，而且体积比新鲜王浆更小，运输和服用更为便利。

第五节　蜂王浆的应用

一、蜂王浆的主要功能

（一）抗氧化、抗衰老作用

据报道，在蜂产品中，蜂王浆清除超氧化物的能力仅次于蜂胶，且其抗氧化作用受温度的影响不大。蜂王浆对老年病可以起到明显改善作用。孙丽萍等(2001)研究认为，蜂王浆抗老年痴呆的机制可能是蜂王浆能缓解自由基造成的脂质过氧化缺血性脑损伤，以及蜂王浆中乙酰胆碱含量丰富，且可被直接吸收利用。因此有利于提高智力、改善记忆力和改善老年病症状。Takeshi和Miaccho（2001）通过脂质过氧化反应模型测定了蜂王浆的抗氧化性，结果显示蜂王浆具有很高的抑制脂质过氧化作用的能力。El-Nekeety等（2007）测定了蜂王浆对带伏马菌素毒性的小鼠的肝、肾部位的氧化性，结果表明蜂王浆对肝、肾有较强的保护作用。

（二）对血压的双向调节作用

高血压是人类“三高”疾病中常见的一种，且危害很大。高血压并发症包括脑溢血、脑卒中、心肌梗死、肾衰竭、冠心病和偏瘫等。大量研究证明，蜂王浆和蜂蜜对预防和治疗“三高”有显著效果，且具有降低血压的作用。高血压患者同时使用蜂王浆和蜂蜜，能够缓解和防治高血压（先天性高血压除外），使人体血压趋于正常。

低血压是指成年人上臂的收缩压低于 12kPa（90mmHg），舒张压低于 8kPa（60mmHg）。老年人收缩压低于 13.3kPa（100mmHg），舒张压低于 9.3kPa（70mmHg）。然而，与高血压相比，低血压往往不被人们所重视，这是因为在生活中低血压对健康的危害不像高血压那样突然和急骤。研究表明，蜂王浆对血压具有双向调节作用，它不仅能使高血压降低，还能使低血压提升，始终将血压调整向正常范围（赵家明和巨伟，2006）。

（三）降血脂作用

高血脂是血脂代谢异常的结果，形成原因十分复杂，既有先天性的，也有诸如饮食结构不合理等外界原因。一般认为高血脂能引起血管内膜增厚，是导致动脉粥样硬化的直接因素。此外，血清中胆固醇含量过高是导致人类动脉硬化的又一个重要原因（耿纯，2000）。研究发现，蜂王浆能降低人体血脂及胆固醇含量，使脂蛋白 a 降低，高密度脂蛋白和低密度脂蛋白趋于正常。Vittek（1995）对高脂血型兔饲喂蜂王浆，发现蜂王浆能很明显地降低兔血液中和肝中的脂质总量，且胆固醇总量降低，同时延缓了动脉粥样硬化在兔的大动脉中的形成。为进一步确认蜂王浆对高脂血症患者的作用，实验每天给高脂血症患者喂 50～100mg 蜂王浆。结果发现，总血液胆固醇减少了 14%，总血脂减少了 10%。由此可推测，蜂王浆在预防人类动脉粥样硬化方面可能具有一定作用。

（四）对糖尿病的调节作用

糖尿病是由于体内胰岛素分泌量相对或绝对不足，继而引起糖、脂肪、蛋白质等代谢紊乱所导致的慢性进行性内分泌代谢性疾病，主要以高血糖为标志。临床实践证明，蜂王浆对糖尿病有较好的辅助治疗作用，受到人们的普遍关注，在临床上具有实用价值。研究发现，蜂王浆对动物机体的血糖具有一定的调节作用，能降低正常动物的血糖。实验证明，服用蜂王浆 2～6h，体内血糖可降低 35.6%～40.3%，与对照组的实验动物相比，具有显著性差异（郭芳彬，1997）。刘星（2003）采用小剂量链脲佐菌素加高脂高热量饲料喂养的方法，建立了大鼠糖尿病 2 型模型。结果表明，饲喂蜂王浆 8 周后，大鼠血糖含量降低，心肌组织中的丙二醛含量下降，减少了心肌的损害。

（五）免疫调节作用

蜂王浆对人体具有免疫调节作用。Šver 等（1996）发现蜂王浆的免疫调节作用是通过刺激抗体的产生和免疫性细胞增殖而实现的。Okamoto 等（2003）通过柱层析色谱分析，分离纯化了抗过敏因子作用的 MRJP3，体外实验也证明 MRJP3 不仅可以抑制 T 细胞的增殖，还可以抑制 IL-2 和 IFN-V 的产生。Kamakura 等（2001a）发现蜂王浆中的 57kDa 蛋白质能够促进肝细胞 DNA 的合成，延长肝细胞寿命，并有增进白蛋白产生的作用。

（六）抗疲劳作用

张红城等（2008）的研究表明，在动物实验中蜂王浆咀嚼片可以缓解小鼠体力疲劳。Kamakura 等（2001a，2001b）报道鲜王浆对小鼠具有抗疲劳作用，研究发现蜂王浆在小鼠运动后能改善其生理疲劳，并且该作用与蜂王浆中 57kDa 蛋白（MRJP1）的含量有关。

二、蜂王浆在食品及化妆品领域中的应用

蜂王浆是介于食品与药品之间的天然滋补剂。日本等国家允许蜂王浆作为食品添加剂来强化食品，增强补益作用。我国也已把蜂王浆应用于食品加工业中，如冷冻纯蜂王浆、蜂王浆巧克力、蜂乳奶粉等产品，均颇受消费者的欢迎。营养饮料是当今市场上的新型饮料产品，王浆酒、蜂王浆汽水、蜂王浆可乐、蜂王浆蜜露、蜂王浆冰激凌等均为营养饮料之上品，畅销不衰。

蜂王浆在化妆品领域也得到广泛应用，由于蜂王浆中含有多肽类生长因子，能较全面地促进细胞代谢、分裂和再生，因而以蜂王浆作为化妆品原料可以调节皮肤新陈代谢，滋养皮肤，防止皱纹的发生，使人精神焕发。

除在上述领域有所应用外，蜂王浆还在农牧业中得到应用，尤其是在养殖业和种植业中应用范围较为广泛。

参 考 文 献

葛凤晨，历延芳，陈东海. 2005. 17 世纪中国人采集利用东方蜜蜂王浆历史考证. 蜜蜂杂志, 25(4): 40.
耿纯. 2000. 蜂王浆的降血脂作用. 中国养蜂, 52(1): 36.
郭芳彬. 1997. 蜂王浆对糖尿病的疗效和机理探讨. 蜜蜂杂志, (12): 6-7.
李位三. 1998. 蜜蜂产品. 北京: 人民军医出版社.
刘富海. 2001. 中国蜜蜂学. 北京: 中国农业出版社.
刘星. 2003. 蜂王浆对实验性 2 型糖尿病大鼠心肌的保护作用. 牡丹江医学院学报, 24(5): 1-3.
陆莉，林志彬. 2004. 蜂王浆的药理作用及相关活性成分的研究进展. 医药导报，23(12): 887-890.
孙丽萍, 董捷, 王芳. 2001. 蜂王浆抗老年性痴呆的机理浅析. 中国养蜂, 52(6): 30.

肖静伟. 1993. 蜂王浆中活性肽的分离. 北京: 北京大学博士学位论文.
肖静伟, 李举怀. 1996. 蜂王浆中一种有抗菌活性的小肽. 昆虫学报, 39(2): 133-140.
许建香, 张智武, 刘永东, 等. 2009. 蜂王浆水溶性蛋白及其酶解产物的抗氧化活性. 食品科学, 30(5): 72-75.
张复兴. 1998. 现代养蜂生产. 北京: 中国农业大学出版社.
张红城, 董捷, 胡余明. 2008. 蜂王浆咀嚼片缓解体力疲劳功能的研究. 食品科学, 29(9): 601-603.
张红城, 孙丽萍, 董捷, 等. 2007. 蜂王浆在常温储存条件下品质变化的研究. 食品科学, 28(11): 159-161.
赵家明, 巨伟. 2006. 蜂王浆、蜂蜜与高血压. 中国蜂业, 57(1): 25.
中国农业科学院蜜蜂研究所. 2001. 蜂王浆软胶囊的配方及加工工艺: 中国, CN1323587.
Albert S, Klaudiny J, Simúth J. 1999. Molecular characterization of MRJP3, highly polymorphic protein of honeybee (*Apis mellifera*) royal jelly. Insect Biochem Mol Biol, 29(5): 427.
Bilikova K, Hanes J, Nordhoff E, et al. 2002. Apisimin, a new serine-valine-rich peptide from honeybee (*Apis mellifera* L.) royal jelly: purification and molecular characterization. FEBS Letters, 528(1-3): 125-129.
Chen C, Chen S Y. 1995. Changes in protein components and storage stability of Royal Jelly under various conditions. Food Chemistry, 54(2): 195-200.
El-Nekeety A A, El-Kholy W, Abbas N F, et al. 2007. Efficacy of royal jelly against the oxidative stress of fumonisin in rats. Toxicon Official Journal of the International Society on Toxinology, 50(2): 256-269.
Ferrer E, Alegria A, Farre R, et al. 2005. Fluorescence, browning index, and color in infant formulas during storage. Journal of Agricultural & Food Chemistry, 53(12): 4911-4917.
Fontana R, Mendes M A, de Souza B M, et al. 2004. Jelleines: a family of antimicrobial peptides from the Royal Jelly of honeybees (*Apis mellifera*). Peptides, 25(6): 919.
Fujiwara S, Imai J, Fujiwara M, et al. 1990. A potent antibacterial protein in royal jelly. Purification and determination of the primary structure of Royalisin. Biological Chemistry, 265(19): 11333-11337.
Han B, Li C, Zhang L, et al. 2011. Novel royal jelly proteins identified by gel-based and gel-free proteomics. J Agric Food Chem, 59(18): 10346-10355.
Jozef S. 2001. Some properties of the main protein of honeybee (*Apis mellifera*) royal jelly. Apidologie, 1(32): 69-80.
Kamakura M. 2002. Signal transduction mechanism leading to enhanced proliferation of primary cultured adult rat hepatocytes treated with royal jelly 57-kDa protein. Journal of Biochemistry (Tokyo), 132(6): 911-919.
Kamakura M, Fukuda T, Fukushima M, et al. 2001a. Storage-dependent Degradation of 57-kDa Protein in Royal Jelly: a Possible Marker for Freshness. Biosci Biotechnol Biochem, 65(2): 277.
Kamakura M, Suenobu N, Fukushima M. 2001b. Fifty-seven-kDa protein in royal jelly enhances proliferation of primary cultured rat hepatocytes and increases albumin production in the absence of serum. Biochemistry Biophysics Research Commune, 282(4): 865-874.
Okamoto I, Taniguchi Y, Kunikata T, et al. 2003. Major royal jelly protein 3 modulates immune responses *in vitro* and *in vivo*. Life Sciences, 73(16): 2029-2045.
Sano O, Kunikata T, Kohno K, et al. 2004. Characterization of royal jelly proteins in both Africanized and European honeybees (*Apis mellifera*) by two-dimensional gel electrophoresis. J Agric Food Chem, 52(1): 15-20.

Schmitzova J, Klaudiny J, Albert S, et al. 1998. A family of major royal jelly proteins of the honeybee *Apis mellifera* L. Cell Mol Life Science, 54(9): 1020-1030.

Schonleben S, Sickmann A, Mueller M J, et al. 2007. Proteome analysis of *Apis mellifera* royal jelly. Anal Bioanal Chem, 389(4): 1087-1093.

Shougo T, Toru K, Chika H, et al. 2009. Estimation and characterisation of major royal jelly proteins obtained from the honeybee *Apis merifera*. Food Chemistry, 114(4): 1491-1497.

Stocker A. 2003. Isolation and characterisation of substances from Royal Jelly. Orléans: PhD Thesis; Université d'Orléans.

Su S K, Zheng H Q, Chen S L, et al. 2005. Cloning and sequence analysis of cDNA encoding MRJP3 of *Apis cerana*. Agricultural Sciences in China, 9(4): 707-713.

Šver L, Oršolić N, Tadić Z, et al. 1996. A royal jelly as a new potential immunomodulator in rats and mice. Comparative Immunology Microbiology & Infectious Diseases, 19(1): 31.

Takeshi N, Miaccho S. 2001. Antioxidative activities of some commercially honeys royal jelly and propolis. Food Chemistry, 75(2): 237-240.

Vittek J. 1995. Effect of royal jelly on serum lipids in experimental animals and humans with atherosclerosis. Experientia, 51(9-10): 927-935.

第四章　蜂胶的加工与应用

第一节　蜂胶的生产

一、蜂 胶 简 介

蜂胶（propolis）是工蜂从植物幼芽及树干上采集来的树脂，并混入自身上颚分泌物和蜂蜡等形成的一种具有芳香味的黏性胶状固形物，它具有与胶原植物相类似的化学成分。

蜜蜂将蜂胶用于蜂巢的密封剂，这主要是利用蜂胶一方面可以杀灭入侵的病原微生物，另一方面可以保证少数进入蜂巢被杀死的动物尸体不腐败分解，从而减少微生物的滋生。但是，蜂胶的产量很低，一个 5 万～6 万只蜜蜂的蜂群一年才能生产蜂胶 100～150g，因而蜂胶素有“天然紫黄金”的美誉。

图 4-1　蜂胶（彩图请扫封底二维码）

蜂胶在常温常压下呈固体状，具有一定黏性，不透明，折射面呈沙粒状，切面与大理石外观相似（图 4-1）。品尝时味微苦，大多数呈褐色、黄褐色、绿褐色或黑色，少数呈红色或绿色（如巴西蜂胶和古巴蜂胶）。蜂胶是一种亲脂性物质，温度低于 10℃时会变硬变脆，而温度高于 25℃时会变软变黏，有一定的可塑性。其熔点为 65℃，密度一般为 1.112～1.136g/cm^3，易溶于乙醇、乙醚、氯仿、丙酮、苯等有机溶剂。近年来，随着科技的发展，蜂胶的功能性作用逐渐受到人们的重视，蜂胶资源也不断得到开发和利用。国内外相关研究人员已对蜂胶的功能做了大量研究，并取得了一定的成果（Ghedira et al.，2009；Simone and Spivak，2010）。

二、蜂 胶 来 源

蜂胶主要产于中国、俄罗斯、美国、巴西、墨西哥等国家，而中国作为产蜂胶大国，每年蜂胶的产量约占世界蜂胶总需求量的 38%，居世界第一。在蜂类产品中，蜂王浆和蜂蜜是人们最早认识的产品，因而发展相对较快，而蜂胶起步较晚，且产量也没有蜂王浆和蜂蜜那么高，这就要求我们要更为合理地匹配蜂胶资源，使蜂胶中所含有的各种活性成分得到充分利用（曹炜和尉亚辉，2002）。

蜂胶集动植物分泌物于一身，不仅与植物源有关，而且受地域、气候、季节、蜂种等多种因素的影响，其化学组成具有多样性。此外，国外有研究显示，蜂胶的采集方法对蜂胶主成分含量和特性有一定的影响，Sales 等（2006）和 Bedascarrasbure 等（2004）根据黄酮类物质的金属螯合能力研究了采集方法对蜂胶主成分含量的影响，发现采集方法不同会使蜂胶成分含量有所改变，且采集方法对蜂胶成分和特性的影响还与蜜蜂的行为有关。意大利采集蜂胶的方法主要有三种，分别为楔形集胶器采集、刮刀法采集和覆布法采集。Papotti 等（2010）实验表明，集胶器采集的蜂胶中总酚、总黄酮和香脂成分含量均高于另外两种方法采集的蜂胶，而且蜂蜡含量较低。

（一）蜂胶类产品

由于蜂胶中含有多种生物活性成分，利用蜂胶提取物可以生产出多种蜂胶产品。目前，国内外主要将蜂胶应用在食品、医药及日常用品等领域。在食品领域主要集中在保健类食品，如蜂胶软胶囊、硬胶囊、颗粒剂、蜂胶咀嚼片及蜂胶类保健酒等；在医药方面，如蜂胶软膏等；在日常用品领域，如蜂胶牙膏、漱口水、蜂胶洗发水、蜂胶沐浴露、蜂胶香皂等。相信随着社会科技的发展，蜂胶的用途将会变得越发广泛，特别是在医药方面，蜂胶类产品的种类也将变得更为丰富（王亚群和任永新，2007）。

（二）蜂胶的胶源植物

蜂胶含有大约 55%的树脂，因而其化学组成主要是由其树脂的植物来源所决定的，但同时也受蜜蜂种类、气候、季节及采集方法等因素的影响。蜜蜂采集的树脂一般是植物的特定组织所分泌出来的，属于构成型的树脂。不同种类的蜜蜂会选择不同植物的树脂来生产蜂胶。我们通常所说的蜂胶是指蜜蜂通过加工采集的树脂而得到的黏性物质，这其中并不包括热带的 Megachilid、Euglossine 和 Meliponid 蜂用树脂、蜂蜡和土壤混在一起制成的用来加固巢穴的物质。Bankova（2005）把热带蜂使用的树脂也称为蜂胶，但为了与其他蜜蜂产的蜂胶加以区分，他把热带蜂种产的蜂胶命名为土蜂胶（geopropolis）。一般来说，目前世界上大部分的蜂胶都是由意大利蜜蜂所生产的，因此不同蜂种对蜂胶化学成分的影响较小。

不同气候条件下生长着不同的产胶植物，故而工蜂采集的树脂类型不尽相同，化学成分差异也就较大。此外，即使工蜂在不同的气候或季节中采集同一植物的树脂，其树脂的化学组分也会随生长的气候或季节不同而不同，因此蜂胶的化学组分也会变化。研究表明，不同植物树脂的化学组分是有差异的，这些差异是植物长期适应不同的自然环境进化而来的。从树脂的化学组分来看，不同植物种之间的差异大于种内的，也就是说，不同植物种类来源的树脂其化学成分变化大于同一植物在不同生长地或季节中的变化。因此，蜂胶化学组分的不同主要是由树脂的不同植物来源所决定的，因而可以根据蜂胶的成分来对胶源植物进行溯源。

蜂胶的植物来源在很早之前就已受到人类的关注。大约 2000 年前，古罗马学者普林尼在他的百科全书《自然史》中就明确指出蜂胶是蜜蜂采集来的柳树、杨树、栗树和其他植物新生枝芽分泌的树脂。16 世纪的莎士比亚也对蜜蜂采集蜂胶的行为进行过描述。但是，早期的研究都是根据蜜蜂的行为所提出的，对蜂胶的来源及形成机制未解释清楚。直到 20 世纪 50 年代，Meyev 用相机记录了蜜蜂采集蜂胶的整个过程，才算正式掀开了近代对蜂胶胶源植物研究的篇章。目前，用来鉴定蜂胶植物来源的方法共有三种，分别是蜂胶与植物树脂之间的化学组分分析法、蜜蜂采集蜂胶行为观察法和蜂胶中胶源植物碎片显微观察法。在这三种方法中，化学组分分析法因其简便和快速的特点于近些年被广泛使用；蜜蜂采集蜂胶行为观察法是研究蜂胶胶源植物最直接的方法，但观察蜜蜂采胶行为是一个极漫长的过程，颇为耗时；而植物碎片显微观察法目前应用较少，这主要是因为树脂中的植物碎片形态在蜜蜂采集树脂的过程中及蜂胶贮存的过程中会发生变化。

按树脂化学成分的不同可以把树脂分为萜类树脂和酚类树脂两种类型，其中萜类树脂的主要成分是萜烯类物质，包括易挥发的单萜、倍半萜和难挥发的二萜、多萜及其聚合物；酚类树脂的主要成分是非挥发性的黄酮及易挥发的酚酸及酯类和萜烯类物质。

目前研究表明，蜂胶可来自于多种胶源植物，不同产地的蜂胶具有不同的植物来源。Popravko 和 Sokolov（1976）发表了关于蜂胶化学成分、植物来源及其质量标准的文章。文章指出温带地区的蜂胶主要来自杨属植物，杨树芽的树脂是最常用的树胶，但蜜蜂仅采集来源于黑杨派（*Aigeiros*）种类的树脂。虽然有报告称来自其他温和气候地区的种属，如七叶树属（*Aesculus*）、赤杨属（*Alnus*）、桦木属（*Betula*）、李属（*Prunus*）和柳属（*Salix*）也能被蜜蜂采集，但 Wollenweber 等（1987）指出，经大量研究证实，在欧洲中部，蜜蜂只从杨树（欧洲黑杨）上采集树脂。杨树型蜂胶主要来自欧洲的保加利亚、意大利、土耳其、葡萄牙等国家，以及亚洲的中国、蒙古国和韩国，还有北美的加拿大及南美的乌拉圭和巴西的东南部，而来自温带地区的俄罗斯蜂胶属于桦树型。位于澳大利亚南部的袋鼠岛也属于温带地区，其蜂胶的胶源植物是金合欢属植物。热带地区没有杨树，但具有多种产胶植物，蜜蜂会选择其他植物作为蜂胶的来源。书带木属被认为是古巴和委内瑞拉蜂胶的主要植物来源。巴西特有的绿蜂胶来自当地的酒神菊属植物。墨西哥、古巴和巴西的红蜂胶来自黄檀属植物。非洲突尼斯蜂胶中特有的成分与桉属植物中的成分相似。太平洋岛屿上的蜂胶来自血桐属植物，如来自中国台湾及日本冲绳地区的蜂胶。来自地中海气候地区蜂胶中的萜烯类成分较多，其植物来源还未确定，但推测可能源自当地常见的柏科植物中的针叶树种，这与柏科植物分泌的树脂属于萜烯类的结论一致。表 4-1 列出了目前世界蜂胶主要的胶源植物、相应的产地及其类型。

表 4-1 世界主要的蜂胶类型和胶源植物

蜂胶类型	地理来源	植物来源	物质类型
杨树型	欧洲、北美、亚洲	杨属（*Populus*）	酚类
桦树型	俄罗斯	疣皮桦（*Betula verrucosa*）	酚类
金合欢型	澳大利亚	金合欢属（*Acacia*）	酚类
克鲁西亚型	古巴、委内瑞拉	书带木属（*Clusia*）	酚类
绿蜂胶	巴西	酒神菊属（*Baccharis*）	萜烯类
红蜂胶	古巴、巴西、墨西哥	黄檀属（*Dalbergia*）	酚类
桉树型	突尼斯	桉属（*Eucalyptus*）	酚类
太平洋型	太平洋区域，如冲绳、中国台湾	血桐（*Macaranga tanarius*）	酚类
铃兰型	韩国济州岛	铃兰（*Keiskei*）	酚类
地中海型	希腊	柏科（Cupressaceae）	萜烯类

由表 4-1 可以看出，不同胶源植物的蜂胶具有地域性差异，在对以上蜂胶植物胶源进行研究时，大部分蜂胶的胶源植物是通过蜂胶和树脂的化学组分分析而间接推断得到的。近些年通过观察工蜂采集蜂胶行为来直接确定蜂胶胶源植物的有巴西绿蜂胶的酒神菊属、日本冲绳蜂胶的血桐属、澳大利亚袋鼠岛蜂胶的金合欢属和韩国济州岛蜂胶的铃兰属（图 4-2）。如图 4-3 所示，Teixeira 等（2010）通过显微镜观察树脂的形态特征来判断巴西绿蜂胶的胶源植物是酒神菊属。

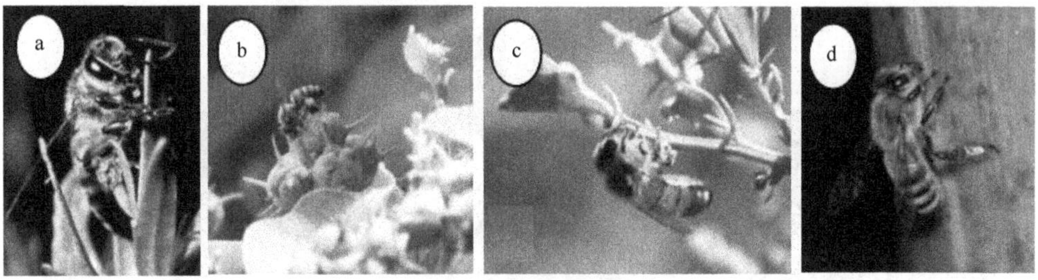

图 4-2 工蜂采集蜂胶行为观察（彩图请扫封底二维码）

a. 巴西绿蜂胶的酒神菊属；b. 日本冲绳蜂胶的血桐属；

c. 澳大利亚袋鼠岛蜂胶的金合欢属；d. 韩国济州岛蜂胶的铃兰属

不同地区的气候不同，生长的植被也不同，因此蜜蜂选择胶源植物就会存在差异。蜜蜂选择某种植物的树脂作为其蜂胶的来源是一个缓慢的过程，这是蜜蜂在进化中选择的结果。蜜蜂选择蜂胶的植物来源并不是随机的，而是具有地域的

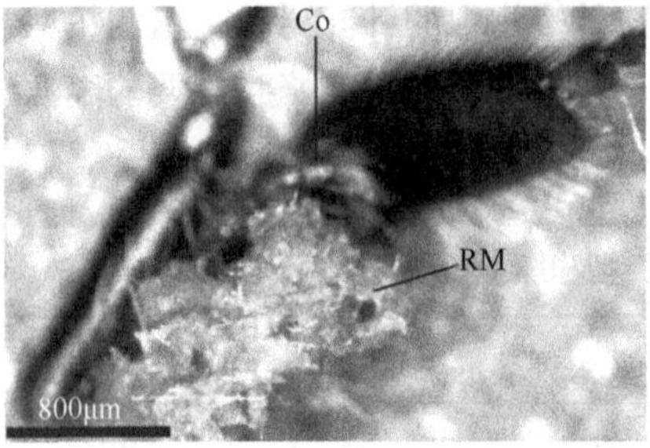

图 4-3　粘在意大利蜜蜂后足花粉筐上的树脂

Co 为花粉筐；RM 为树脂

代表性和差异性。有人认为中国地域广阔，植物种类繁多，蜂胶植物来源多样，因而导致中国蜂胶成分复杂。而就目前研究结果显示，中国蜂胶的植物来源主要为杨属植物，同时也有研究人员提出，松树、柳树、桦树等植物也可能成为蜂胶来源。

（三）蜜蜂采集蜂胶的过程

胡浩等（2014）对工蜂采集蜂胶的行为进行了细致观察和研究，研究结果如下。

工蜂采集蜂胶的过程可分为三个步骤：①工蜂首先找到表面分泌有树脂的加拿大杨树（简称加杨）树芽，通过口器上颚咬住、来回撕扯并用前足剐蹭得到树脂；②得到的树脂通过中足放入后足的花粉筐中；③最终通过后足的花粉筐把树脂运回蜂巢进行加工（图 4-4a、图 4-4b）。一只采胶的工蜂通常要采集多个加杨树芽表面分泌的树脂才能填满后足上的花粉筐，这个过程至少要持续 3min（图 4-4a），返回蜂巢的采胶工蜂两只后足上带有液态的红色物质，即树脂（图 4-4b）。

图 4-4　工蜂采集蜂胶行为观察（彩图请扫封底二维码）

a. 在加杨上采集芽脂的蜜蜂；b. 后足上携带大量树脂的采胶工蜂；

c. 通过来回摆动后足卸下树脂的采集蜂；d. 粘在蜂箱上的粘满蜂胶的覆布

如图 4-4c 所示，中心处的工蜂正在用后足前后摆动来卸掉后足上的树脂。该研究观察发现，采集蜂胶的工蜂回巢后，会在蜂脾上反复来回走动。首先工蜂寻找到合适的位置，用前足把身体固定在蜂脾上，采用后足来回摆动并和腹部产生摩擦，靠自身的力量卸下树脂；其次是利用走动，通过部分卸下来的粘在蜂脾上的树脂，拉扯下一部分仍粘在后足上的树脂，这也解释了在蜂脾上和蜂脾梁上为什么会散落很多一滴滴的红色树脂；最后，采胶工蜂通过来回走动引起蜂脾上其他工蜂的注意，从而其他工蜂会聚集在其周围，用上颚咬住其后足上的树脂并拉扯，帮助采胶工蜂把树脂卸载下来。因为树脂的黏性很大，此时的树脂常会被拉成一条很细长的丝。采胶工蜂完全卸下树脂的过程是很耗时费力的，最终散落在蜂脾及蜂脾上梁的树脂，再由工蜂用上颚运输，并与蜂蜡、花粉和自身的分泌物混合一起制成蜂胶，涂抹在蜂箱内壁上及蜂箱的空隙处。蜂胶具有很大的黏附力，蜂箱上的覆布会被紧紧地粘在蜂箱上（图 4-4d）。

第二节　蜂胶的加工

一、蜂胶的成分

蜂胶含有的化学成分复杂而多变，且不同地区蜂胶所含有的成分不同，这主要受到蜂胶所采地域的植物种类、蜜蜂种群及采集时间不同等因素的影响。大量研究表明，欧洲、北美、中国等北半球地区的蜂胶植物来源主要是白杨树，这类蜂胶中主要含有一些多酚类物质如黄酮、酚酸及其酯类物质。在中国大陆，蜂胶的主要成分更是以多酚类物质为主，包括酚酸和黄酮类物质。而南半球的蜂胶以巴西蜂胶和古巴蜂胶最为典型，因其植物种源多样，蜂胶的颜色也是多样的，如巴西的绿胶、红胶，以及古巴的棕色胶和黄色胶。通过成分分析发现，巴西的红胶主要含有甘草素、大豆苷元、黄檀素、异甘草素、芒柄花黄素和鸡豆黄素等异黄酮类物质，而绿胶主要含有 *p*-香豆酸、乙酰苯、二萜、木脂素和黄酮的异戊二烯衍生物等。古巴的棕色蜂胶主要成分是聚异戊二烯苯并酮类物质，而黄色的蜂胶主要成分可能是脂肪酸（胡浩等，2013）。

随着现代色谱层析分离技术的发展，目前已从蜂胶中分离鉴定出了 300 多种成分，主要包括酚类（酚酸、黄酮和肉桂酸衍生物）及萜烯类（单萜、倍半萜、二萜、聚合萜及其衍生物），此外还有微量的氨基酸、维生素、脂肪酸和 10 余种矿质元素、20 多种微量元素等物质。通常蜂胶按化学成分不同可分为两大类：一类是蜜蜂采集富含酚类的树脂生产的蜂胶，该类蜂胶富含酚类成分，属于酚类蜂胶；另一类是采自富含萜烯类的树脂生产的蜂胶，属于萜烯类蜂胶。酚类蜂胶一般产自温带地区国家，如中国、俄罗斯、葡萄牙、韩国和日本等。萜烯类蜂胶一般产自热带地区国家，如古巴和巴西。但产自地中海气候的蜂胶也富含萜烯类，如来自土耳其和希腊的蜂胶。酚类蜂胶产地是世界蜂胶的主产地，蜂胶产量大，因此是最常见的蜂胶类型（董捷等，2007）。

（一）酚类物质

酚类是一类带有苯环的物质，有一定量的 R—OH 基团，能形成具有抗氧化作用的氢自由基，可保护机体免受氧化作用的伤害。酚类成分广泛存在于植物中，对植物的生长发育十分重要，同时还决定着植物生长过程中颜色的变化。常见的富含酚类成分的食物有各种水果、蔬菜、茶叶和红酒等。目前研究表明，酚类成分具有抗氧化、延缓衰老、提高免疫力、软化血管、降血压、降血糖、降血脂、抗血栓、抗菌消炎、抗癌等多种生物活性，在饮食中对人类健康具有重要作用。

酚类成分一般可分为酚酸类化合物和黄酮类化合物，前者包括酚酸及其酯类等衍生物，后者包括黄酮类单体、黄酮酯类及黄酮与各种糖结合形成的黄酮苷等物质。酚酸类化合物主要由苯甲酸（C6-C1）和苯乙烯酸（C6-C3）的衍生物组成（图 4-5），一般存在于植物的细胞壁及不溶性的纤维中，多数属于初级代谢产物，参与植物的生长发育，并为植物合成次级代谢产物提供物质基础。酚酸类化合物烷烃链较短且含有双键，因此一般亲水性强，易溶于水。此外，其所含有的酚羟基或苯烯结构赋予了酚酸类化合物抗氧化、抗紫外线辐射、抗菌杀毒、消炎止痛等生物活性，使其在农药、医药、食品添加剂及化妆品等方面有着广泛应用。

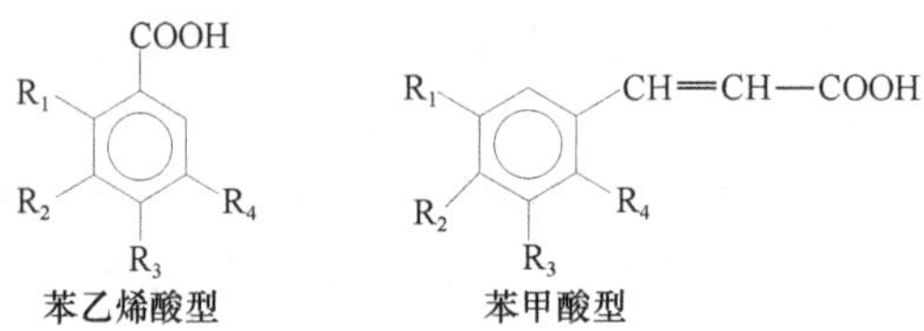

图 4-5　苯乙烯酸和苯甲酸分子式

黄酮类化合物是由有两个带有酚羟基的苯环（A—与 B—）通过中央三碳原子相互连接而成的一系列天然物质的总称，基本骨架为 C6-C3-C6，其母核是 2-苯基色原酮。根据母核上取代基的不同，黄酮类化合物可分为黄酮类（flavone）、黄酮醇类（flavonol）、黄烷醇类（flavanol）、黄烷酮类（flavanone）、花色素类（anthocyanidin）和异黄酮类（isoflavone）等六大类，基本结构如图 4-6 所示。黄酮能与各种糖结合而形成黄酮苷，葡萄糖是最常见的糖残基，其次是半乳糖、鼠李糖及木糖。一般认为黄酮为脂溶性，而黄酮苷可溶于水，且随着糖链增多，水溶性增强。黄酮及黄酮苷的差异源于它们羟基的数量和位置，以及烷基化或糖基化的程度和位置。如黄酮类和黄酮醇类普遍在 B 环的 3′和 4′位置发生双羟基化，只有少部分能单独在 4′位置发生羟基化；黄酮类优先糖基化的位置是在 3 位置，其次是在 7 位置。自然界中几乎所有的植物都含有黄酮和黄酮苷，黄酮类物质在植物中一般属于次级代谢产物，对植物的生理活动非常重要，但由于其结构千差万别，因而不同的黄酮物质具有不同的生理功能。近 20 年来，黄酮类物质在生物学、药理学和医学上被广泛研究，人们发现其具有调节血脂、提高人体免疫力、抑制癌细胞生长、清除体内自由基及毒素、消炎、广谱抗菌等作用，正愈来愈成为全球食品、药品领域研究的热点。

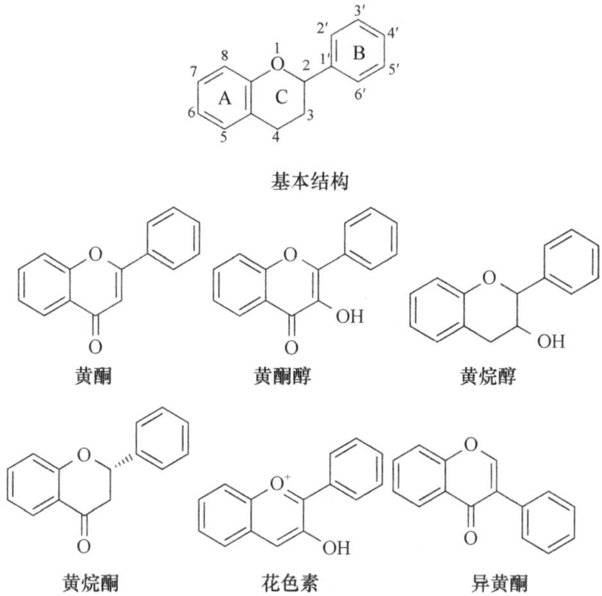

图 4-6　黄酮类化合物的基本结构

世界上 80%的蜂胶都富含酚类成分，属酚类蜂胶。酚类蜂胶富含酚酸、黄酮及相应的衍生物，其中以黄酮最为常见。酚类蜂胶所含有的黄酮种类丰富，且含量高，是人类摄取黄酮类物质的最好来源，因此蜂胶也被誉为“天然的黄酮宝库”。酚类蜂胶的主产地位于温带地区，而来自亚欧大陆的杨树型蜂胶为最常见的酚类蜂胶。借助先进的色谱分离技术，通过柱层析、薄层色谱（TLC）、固相微萃取（SMPE）、毛细管电泳（CE）、气相色谱（GC）、高效液相色谱（HPLC）、超高效液相色谱（UPLC）等技术对蜂胶化学成分进行分离，并运用紫外（UV）、质谱（MS）、气质联用（GC-MS）、液质联用（LC-MS）、红外（IR）、核磁共振（NMR）等技术及相应的化学标准品对蜂胶中的化学物质进行定性定量分析，目前已从酚类蜂胶中分离鉴定出了 200 多种酚类成分。尽管酚类蜂胶中的物质种类和含量随蜂胶产地的不同而变化，但大部分的酚类蜂胶都含有一些相同的物质成分，如咖啡酸、异阿魏酸和松属素等，且不同产地的蜂胶之间同时具有一些特异的成分。表 4-2 为目前研究报道的蜂胶中常见酚类成分及相应的地理来源（其中一些物质不仅在一个产地的蜂胶中出现，表格中给出的地理来源仅为含该物质众多蜂胶的产地之一)。酚类蜂胶中常见的酚酸及其酯类有咖啡酸、*p*-香豆酸、阿魏酸、肉桂酸、4-甲氧基肉桂酸、咖啡酸苄酯和咖啡酸苯乙酯等，黄酮类物质以松属素、柯因、高良姜素、短叶松素、短叶松素-3-乙酸酯、5-甲氧基短叶松素及柚木柯因等物质为代表，这些酚类成分在各个地理来源的蜂胶中都易被发现。

表 4-2　蜂胶中分离得到的酚类化合物

序号	化合物	地理来源	类型
1	苯甲酸	中国	酚酸类
2	*p*-香豆酸	中国	酚酸类
3	肉桂酸	中国	酚酸类
4	咖啡酸	中国	酚酸类
5	阿魏酸	中国	酚酸类
6	异阿魏酸	中国	酚酸类
7	4-甲氧基肉桂酸	中国	酚酸类
8	3,4-二甲氧基肉桂酸	中国	酚酸类
9	咖啡酸苄酯	中国	酚酸类
10	咖啡酸苯乙酯	中国	酚酸类
11	咖啡酸戊烯酯	中国	酚酸类
12	咖啡酸异戊二烯酯	中国	酚酸类
13	葵二酸双（2′-乙基己基）酯	中国	酚酸类
14	香兰素	中国	酚酸类
15	3,4-二羟基苯甲醛	中国	酚酸类
16	肉桂醇	中国	酚酸类
17	亚桂皮乙酸	中国	酚酸类
18	水杨酸苄酯	日本	酚酸类
19	对甲基肉桂酸	日本	酚酸类
20	二氢阿魏酸	日本	酚酸类
21	肉桂酸甲酯	日本	酚酸类
22	*p*-香豆酸苄酯	巴西	酚酸类
23	1,3-二阿魏酸基-2-乙酰基甘油	巴西	酚酸类
24	1-阿魏酸基-3-*p*-香豆酸酰基甘油	巴西	酚酸类
25	龙胆酸	巴西	酚酸类
26	水杨酸	巴西	酚酸类
27	二氢咖啡酸	比利时	酚酸类
28	没食子酸	巴西	酚酸类

续表

序号	化合物	地理来源	类型
29	原儿茶酸	乌拉圭	酚酸类
30	香草酸	英国	酚酸类
31	3,4-二甲氧基苯甲酸	英国	酚酸类
32	3,4-二羟基苯甲酸	英国	酚酸类
33	苯甲酸肉桂酯	英国	酚酸类
34	二氢肉桂酸	英国	酚酸类
35	阿魏酸苄酯	英国	酚酸类
36	异阿魏酸苄酯	英国	酚酸类
37	3,4-二甲氧基肉桂酸苄酯	英国	酚酸类
38	2-氨基-3-甲氧基苯甲酸	波兰	酚酸类
39	4-羟基苯甲酸	加拿大	酚酸类
40	4-甲氧基苯甲酸	巴西	酚酸类
41	苯甲酸甲酯	英国	酚酸类
42	水杨酸甲酯	英国	酚酸类
43	*p*-香豆醇苯甲酸酯	俄罗斯	酚酸类
44	松柏醇苯甲酸酯	俄罗斯	酚酸类
45	1,5-戊二醇单苯甲酸酯	保加利亚	酚酸类
46	苯甲酸苄酯	蒙古国	酚酸类
47	阿魏酸戊酯	蒙古国	酚酸类
48	2-甲氧基苯甲酸苄酯	英国	酚酸类
49	甲氧基二氢肉桂酸	英国	酚酸类
50	邻苯二甲酸双异丁酯	中国	酚酸类
51	邻苯二甲酸双酯	中国	酚酸类
52	肉桂酸乙酯	保加利亚	酚酸类
53	异阿魏酸苯乙酯	保加利亚	酚酸类
54	*p*-香豆酸苯乙酯	保加利亚	酚酸类
55	3-甲基-3-丁烯醇咖啡酸酯	保加利亚	酚酸类
56	3-甲基-2-丁烯醇咖啡酸酯	保加利亚	酚酸类
57	2-甲基-2-丁烯醇咖啡酸酯	保加利亚	酚酸类
58	3-甲基-2-丁烯醇阿魏酸酯	保加利亚	酚酸类
59	3-甲基-3-丁烯醇阿魏酸酯	保加利亚	酚酸类
60	3-甲基-3-丁烯醇异阿魏酸酯	保加利亚	酚酸类
61	咖啡酸戊酯	保加利亚	酚酸类

续表

序号	化合物	地理来源	类型
62	*p*-香豆酸戊烯酯	保加利亚	酚酸类
63	*p*-香豆酸肉桂酯	保加利亚	酚酸类
64	异阿魏酸肉桂酯	保加利亚	酚酸类
65	咖啡酸肉桂酯	保加利亚	酚酸类
66	(+)-2-乙酸-1-咖啡酸-3-肉桂酸甘油酯	中国	酚酸类
67	2-乙酸-1-香豆酸-3-肉桂酸甘油酯	中国	酚酸类
68	(+)-2-乙酸-1-阿魏酸-3-肉桂酸甘油酯	中国	酚酸类
69	(−)-2-乙酸-1-(*E*)-阿魏酸-3-二羟基-棕榈酸甘油酯	中国	酚酸类
70	2-乙酸-1,3-二肉桂酸甘油酯	中国	酚酸类
71	3-甲氧基-4-羟基肉桂酸	巴西	酚酸类
72	对-甲氧基肉桂酸	巴西	酚酸类
73	3-异戊烯基-肉桂酸丙酯	巴西	酚酸类
74	咖啡酸十六烷酯	巴西	酚酸类
75	咖啡酸十四烷酯	埃及	酚酸类
76	4-阿魏酰基奎宁酸	巴西	酚酸类
77	5-阿魏酰基奎宁酸	巴西	酚酸类
78	5,4′-二羟基-3′-甲氧基-3-异戊烯氧基-(*E*)-芪	澳大利亚	酚酸类
79	3,5,3′,4′-四羟基-2-异戊烯基-(*E*)-芪	澳大利亚	酚酸类
80	3,5,4′-三羟基-3′-甲氧基-2-异戊烯基-(*E*)-芪	澳大利亚	酚酸类
81	5,3′,4′-三羟基-3-甲氧基-2-异戊烯基-(*E*)-芪	澳大利亚	酚酸类
82	5,4′-二羟基-3,3′-二甲氧基-2-异戊烯基-(*E*)-芪	澳大利亚	酚酸类
83	5,4′-二羟基-3-异戊烯基-(*E*)-芪	澳大利亚	酚酸类
84	3′,4′-二羟基-(*E*)-芪	澳大利亚	酚酸类
85	3′,4′-二羟基-3,5-二甲氧基-(*E*)-芪	澳大利亚	酚酸类
86	3,5-二羟基-2-异戊烯基-(*E*)-芪	澳大利亚	酚酸类
87	5-十五烷基-间苯二酚	印度尼西亚	酚酸类
88	5-十七烷基-间苯二酚	印度尼西亚	酚酸类
89	6-甲氧基山荷叶素	肯尼亚	酚酸类
90	大叶藤黄醇	巴西	酚酸类
91	异戊烯化的香豆酸软木花椒素	伊朗	酚酸类
92	山姜素查耳酮	巴西	黄酮类
93	异鼠李素	中国	黄酮类
94	松属素	中国	黄酮类

续表

序号	化合物	地理来源	类型
95	7-异戊二烯松属素	葡萄牙	黄酮类
96	5-甲氧基短叶松素	葡萄牙	黄酮类
97	5-甲氧基短叶松素-3-乙酸酯	葡萄牙	黄酮类
98	7-甲氧基短叶松素-3-乙酸酯	葡萄牙	黄酮类
99	短叶松素-3-异戊烯酸酯	葡萄牙	黄酮类
100	短叶松素	葡萄牙	黄酮类
101	染料木素	葡萄牙	黄酮类
102	橙皮素-5,7-二甲基醚	葡萄牙	黄酮类
103	5-甲基醚-3-*O*-戊酸-短叶松素	葡萄牙	黄酮类
104	5-甲氧基高良姜素	乌拉圭	黄酮类
105	3-甲氧基槲皮素	乌拉圭	黄酮类
106	7-甲氧基槲皮素	乌拉圭	黄酮类
107	3,3′-二甲氧基槲皮素	乌拉圭	黄酮类
108	3,7-二甲氧基槲皮素	乌拉圭	黄酮类
109	7,3′-二甲氧基槲皮素	乌拉圭	黄酮类
110	异樱花素	乌拉圭	黄酮类
111	4′,5-二羟基-7-甲氧基黄酮	英国	黄酮类
112	3,7,3′-三甲氧基槲皮素	英国	黄酮类
113	异甘草素查耳酮	古巴	黄酮类
114	六甲氧基黄酮	埃及	黄酮类
115	木犀草素	中国	黄酮类
116	3,5,7,4′-四羟基-6-香叶基黄酮	肯尼亚	黄酮类
117	柳穿鱼黄素	巴西	黄酮类
118	3,7-二甲氧基高良姜素	巴西	黄酮类
119	山姜素	巴西	黄酮类
120	3,5,7-三羟基-6,4′-二甲氧基黄酮	巴西	黄酮类
121	5,7-二羟基-2′-甲氧基黄酮	中国	黄酮类
122	5-羟基-4′,7-二甲氧基黄酮	土耳其	黄酮类
123	柯因	巴西	黄酮类
124	芹菜素	巴西	黄酮类
125	金合欢素	巴西	黄酮类
126	柚木柯因	巴西	黄酮类
127	鼠李柠檬素	巴西	黄酮类

续表

序号	化合物	地理来源	类型
128	良姜素	巴西	黄酮类
129	高良姜素	巴西	黄酮类
130	槲皮素	巴西	黄酮类
131	松属素查耳酮	巴西	黄酮类
132	短叶松素查耳酮	巴西	黄酮类
133	崁非醇/山柰酚	巴西	黄酮类
134	山柰素	巴西	黄酮类
135	3-甲氧基高良姜素	巴西	黄酮类
136	3-甲氧基山柰酚	加拿大	黄酮类
137	5-羟基-4,7-二甲氧基二氢黄酮	加拿大	黄酮类
138	2,5-二羟基-7-甲氧基二氢黄酮	加拿大	黄酮类
139	5-甲氧基山柰酚	德国	黄酮类
140	4′-甲氧基山柰酚	德国	黄酮类
141	3,7-二甲氧基山柰酚	德国	黄酮类
142	3,5-二羟基- 4′,7-二甲氧基黄酮	古巴	黄酮类
143	鼠李素	中国	黄酮类
144	7-甲氧基高良姜素	波兰	黄酮类
145	球松素查耳酮	巴西	黄酮类
146	3′-甲氧基槲皮素	巴西	黄酮类
147	短叶松素-3-乙酸酯查耳酮	巴西	黄酮类
148	芦丁	中国	黄酮类
149	桑色素	中国	黄酮类
150	樱花素	意大利	黄酮类
151	柚皮素	巴西	黄酮类
152	甘草素	巴西	黄酮类
153	异甘草素	巴西	黄酮类
154	球松素	中国	黄酮类
155	豆黄素异黄酮	巴西	黄酮类
156	芒柄花黄素	巴西	黄酮类
157	大豆苷元	巴西	黄酮类
158	异樱花素查耳酮	巴西	黄酮类
159	6-苯丙烯柯因	巴西	黄酮类
160	高车前素	巴西	黄酮类

续表

序号	化合物	地理来源	类型
161	短叶松素-3-乙酸酯	乌拉圭	黄酮类
162	短叶松素-3-丙酸酯	乌拉圭	黄酮类
163	短叶松素-3-丁酸酯	乌拉圭	黄酮类
164	短叶松素-3-乙酰基-7-甲酯	乌拉圭	黄酮类
165	短叶松素-3-己酸酯	乌拉圭	黄酮类
166	3-甲氧基短叶松素	乌拉圭	黄酮类
167	短叶松素-5-甲酯	乌拉圭	黄酮类
168	3,5,7-三羟基-6′-甲氧基二氢黄酮	巴西	黄酮类
169	花黄素	古巴	黄酮类
170	（7″*R*）-8-柯因	墨西哥	黄酮类
171	槲皮素-2′-香叶酯	所罗门群岛	黄酮类
172	Solophenol A	所罗门群岛	黄酮类
173	（2*S*′）-5,7-二羟基-4′-甲氧基-8-异戊烯基二氢黄酮	缅甸	黄酮类
174	7-异戊烯氧基球松甲素	希腊	黄酮类
175	7-异戊烯氧基松属素	希腊	黄酮类
176	3′,4′,6-三羟基-7-甲氧基-二氢黄酮	尼泊尔	黄酮类
177	7-羟基二氢黄酮	尼泊尔	黄酮类
178	7-甲氧基二氢黄酮	尼泊尔	黄酮类
179	5,7,3′,4′-四羟基-2′-（8′-羟基香叶基）二氢黄酮	中国台湾	黄酮类
180	5,7,3′,4′-四羟基-5′-（8′-羟基香叶基）二氢黄酮	中国台湾	黄酮类
181	5,7,4′-三羟基-3′-（8′-羟基香叶基）二氢黄酮	中国台湾	黄酮类
182	5,7,3′,4′-四羟基-5′-异戊烯基二氢黄酮	中国台湾	黄酮类
183	Bonannione A	中国台湾	黄酮类
184	7-羟基-4′-甲氧基异黄酮	古巴	黄酮类
185	5,7-二羟基-4′-甲氧基异黄酮	古巴	黄酮类
186	3,4,2′,3′-四羟基查耳酮	巴西	黄酮类
187	赤杨黄酮	巴西	黄酮类
188	3-羟基-5，6-二甲氧基黄烷酮	墨西哥	黄酮类
189	5,7,4′-三羟基-6,8-二甲氧基黄酮	美国	黄酮类
190	5,3′,4′-三羟基-6,7,8-三甲氧基黄酮	美国	黄酮类
191	芫花素	中国	黄酮类
192	5-甲氧基山柰素	中国	黄酮类
193	非瑟酮	英国	黄酮类
194	3′-香叶基-柚皮素	日本	黄酮类

（二）萜烯类物质

萜烯类物质是自然界中另一类常见的活性物质，是一系列萜类化合物的总称，是分子式为异戊二烯的整数倍的烯烃类及其含氧衍生物，可以是醇、酮、羧酸、醛、酯等物质。在植物和海洋生物（包括海藻、海绵、腔肠动物和软体动物）体内能提取出大量的萜烯类物质。萜烯类物质一般为比水轻的无色液体，具有香气，不溶或微溶于水，易溶于正己烷、石油醚等有机溶剂。一些植物的香精、树脂和色素中的主要成分为萜烯类物质，特别是松柏科植物的树脂，松柏科植物的树脂及来自树脂的松节油的主要成分是萜烯类物质。此外，玫瑰油、桉叶油等都含有多种萜类化合物。萜烯类物质根据化合物分子中异戊二烯单位的数量可分为：单萜，即含有两个异戊二烯单位（C_{10}）；倍半萜，即含有 3 个异戊二烯单位（C_{15}）；二萜，即含有 4 个异戊二烯单位（C_{20}）；三萜，即含有 6 个异戊二烯单位（C_{30}）；四萜，即含有 8 个异戊二烯单位（C_{40}）；多聚萜，即由 8 个以上异戊二烯单位组成。分子质量较小的萜类化合物如单萜和倍半萜多为带有特殊香味且易挥发的油状液体，在植物中很常见，并被大量应用于工业香料，其沸点随分子质量和双键数量的增加而提高。分子质量较大的萜类如二萜、三萜多为固体胶状，容易结晶，工业上被广泛用于防止金属氧化腐蚀的油漆或涂料。

目前已知的萜类化合物超过 22 000 种，其中很多具有重要的生理活性。如单环单萜的辣薄荷酮具有止咳、抗菌、平喘的作用；双环单萜的龙脑具有发汗、兴奋、镇痉和驱虫作用；双环二萜类的银杏内酯用作治疗心血管疾病的有效药物；三环二萜类的雷公藤内酯具有抗癌、抗炎、抗生育等作用；四环二萜类的甜菊苷可用作禁糖患者的甜味剂，其甜度为蔗糖的 300 倍；五环二萜的乌头碱具有镇痛、局部麻醉、降温、消肿的功用。萜烯类物质正成为开发新药和研究天然产物的重要来源。

萜烯类蜂胶中含有大量的萜烯类物质，这是因为蜜蜂采集了富含萜烯类物质的植物树脂，如来自松树、柏树等植物。萜烯类蜂胶因其含有大量易挥发的单萜和倍半萜，一般会具有浓郁的树脂清香。目前一般采用顶空进样方式来对蜂胶中的萜烯类物质进行分析，主要技术有气相色谱（GC）、气质联用（GC-MS）及电子鼻（E-nose）等。目前已从蜂胶中分离鉴定出了 100 多种萜烯类物质，多数是简单的萜烯类，如单萜、倍半萜、二萜及三萜等，表 4-3 列出了蜂胶中常见的萜烯类物质（其中地理来源是含有这种萜烯类物质的蜂胶的产地之一）。不同产地蜂胶中的萜烯类物质不同，但一些简单的萜烯物质均有出现，这可能是因为这类简单萜烯类物质是植物中合成其他成分的物质基础，因而在多数植物中都会含有。

表 4-3　蜂胶中分离得到的萜烯类化合物

序号	化合物	地理来源	类型
1	对羟基苯甲酸龙脑酯	伊朗	单萜
2	香草酸龙脑酯	伊朗	单萜
3	反式-β-松油醇	希腊	单萜
4	沉香醇	巴西	单萜
5	芳樟醇	巴西	单萜
6	β-环柠檬醛	希腊	单萜
7	β-罗勒烯	希腊	单萜
8	莰烯	中国	单萜
9	α-柠檬酸	中国	单萜
10	二氢月桂烯醇	巴西	单萜
11	α-松油醇	巴西	单萜
12	4-萜品醇	巴西	单萜
13	α-古芸烯	中国	倍半萜
14	卡达烯	中国	倍半萜
15	愈创木醇	中国	倍半萜
16	柏木脑	中国	倍半萜
17	苍术醇	中国	倍半萜
18	γ-榄香烯	巴西	倍半萜
19	α-依兰烯	巴西	倍半萜
20	朱栾倍半萜	巴西	倍半萜
21	依兰烯	巴西	倍半萜
22	洒剔烯	巴西	倍半萜
23	莰酮	希腊	倍半萜
24	刺伯烯	希腊	倍半萜
25	巴伦西亚橘烯	希腊	倍半萜
26	菖蒲烯	希腊	倍半萜
27	异喇叭茶烯	希腊	倍半萜
28	香草烯	希腊	倍半萜
29	α-白菖考烯	希腊	倍半萜
30	γ-龙脑胶萜烯	希腊	倍半萜
31	α-没药醇	土耳其	倍半萜
32	α-桉叶油醇	土耳其	倍半萜
33	α-杜松醇	土耳其	倍半萜
34	（α、β）柏木烯	土耳其	倍半萜

续表

序号	化合物	地理来源	类型
35	异长叶烯	土耳其	倍半萜
36	表圆线藻烯	土耳其	倍半萜
37	δ-芹子烯	土耳其	倍半萜
38	天竺薄荷醇	印度尼西亚	倍半萜
39	沉香螺萜醇	巴西	倍半萜
40	桉叶醇	巴西	倍半萜
41	紫穗槐烯	中国	倍半萜
42	（α、β）芹子烯	中国	倍半萜
43	α-葎草烯	伊朗	倍半萜
44	δ-杜松烯	伊朗	倍半萜
45	α-法尼烯	伊朗	倍半萜
46	泪柏醚	希腊	二萜
47	弥罗松酚	希腊	二萜
48	2-羟基弥罗松酚	希腊	二萜
49	6/7-羟基弥罗松酚	希腊	二萜
50	钩扔烷	希腊	二萜
51	松香酸	希腊	二萜
52	覆瓦南美杉醛酸	希腊	二萜
53	覆瓦南美杉醇	希腊	二萜
54	二萜酸	希腊	二萜
55	新松脂酸	希腊	二萜
56	羟基二氢松香酸	希腊	二萜
57	二氢松香酸	希腊	二萜
58	8（17）-半日花二烯-15, 19-二酸	希腊	二萜
59	棕榈酰异柏酸	希腊	二萜
60	油酰异柏酸	希腊	二萜
61	海松酸	希腊	二萜
62	桃拓酮	希腊	二萜
63	（α、γ）松油烯	古巴	二萜
64	邻异丙基苯	古巴	二萜
65	5-异丙烯-1-甲基-1-环己烷	古巴	二萜
66	4-异丙基甲苯	古巴	二萜
67	4-异丙烯基甲苯	古巴	二萜

续表

序号	化合物	地理来源	类型
68	蒎烯	巴西	二萜
69	羽扇豆醇链烷酸酯	巴西	三萜
70	羽扇豆醇	巴西	三萜
71	2, 4-甲烯基-9, 19-环羊毛甾醇-3β-醇	巴西	三萜
72	羽扇豆醇乙酸酯	古巴	三萜
73	羊毛甾醇	古巴	三萜
74	日耳曼醇乙酸酯	古巴	三萜
75	日耳曼醇	古巴	三萜
76	β-香树脂醇乙酸酯	古巴	三萜
77	白檀酮	古巴	三萜
78	α-白檀酮	古巴	三萜
79	α-香树脂醇乙酸酯	古巴	三萜
80	羊毛甾醇乙酸酯	埃及	三萜
81	3-氧代-三萜烯甲酯	埃及	三萜
82	（22*Z*, 24*E*）-3-氧代环木菠萝烯醇-22, 24-二亚乙基-26-羧酸	缅甸	三萜
83	（24*E*）-3-氧代-27, 28-二羟基环木菠萝烯醇-24-亚乙基-26-羧酸	缅甸	三萜

二、中国蜂胶的成分特征

我国地域辽阔，南北气候条件差异大，植被种类多样，生产的蜂胶成分不尽相同。近几年，对于中国蜂胶主要化学成分的研究已取得了很大的进展，下面就对这些研究成果进行简要概述（罗照明和张红城，2012）。

（一）中国蜂胶成分研究现状

王维（2010）采用高效液相色谱-二极管阵列检测器（HPLC-DAD）法对蜂胶进行指纹图谱研究，采用 Agilent Zorbax SB-C_{18}（250mm×4.6mm，5μm） 色谱柱，以甲醇–0.1%甲酸为流动相梯度洗脱，检测波长 290nm，流速 0.8ml/min。采用液质联用技术对蜂胶指纹图谱进行了定性分析，根据紫外光谱及质谱数据，推测了其中 18 个峰的可能结构，分别为咖啡酸、*p*-香豆酸、5-甲氧基短叶松素、短叶松素、3,5-二异戊烯基-4-羟基桂皮酸、松属素、咖啡酸异戊烯酯、短叶松素-3-*O*-乙酸酯、白杨素、咖啡酸苯乙酯、高良姜素、阿魏酸苄酯、对羟基桂皮酸苯甲酯、短叶松素-3-*O*-丙酸酯、咖啡酸肉桂酯、5-甲氧基松属素、*p*-香豆酸肉桂酯和短叶松素-3-*O*-戊酸酯。

丽艳（2008）利用优化的 HPLC 条件，对不同地区蜂胶醇提物（EEP）化学组成进行了分析，并研究了中国蜂胶的指纹图谱，发现样品化学组成差异较大。通过对不同地区 EEP 中所含对照品种类及含量进行考查，发现 *p*-香豆酸、3,4-二甲氧基肉桂酸、肉桂酸、柚皮素、松属素和柯因是所有样品中普遍存在的，且后两种成分含量比较高，可确定为中国蜂胶中的基本化学组成。而芦丁和杨梅酮出现的频率较低，说明不同地区蜂胶中对照品种类及含量差异较大。

陈滨（2010）建立了测定蜂胶水提物中 23 种多酚类化合物的反相 HPLC 分析方法，对 26 种蜂胶水提物的化学组成进行了研究。研究发现，不同蜂胶水提物所含对照品种类和含量有很大的差异，表儿茶素、*p*-香豆酸、桑黄素、3,4-二甲氨基肉桂酸、柚皮素、阿魏酸、肉桂酸、松属素和柯因 9 种对照品是中国蜂胶水提物所共有的，被认为是中国蜂胶水提物的基本化学成分，且水提物中大部分物质是酚酸类成分，黄酮类和酯类成分较少。

符军放（2006）利用 HPLC-DAD 法测定了中国蜂胶中咖啡酸、*p*-香豆酸、阿魏酸、肉桂酸、山柰酚、芹菜素、白杨素、高良姜素、松属素的含量，认为白杨素、高良姜素、松属素是中国蜂胶主要的黄酮类物质，并结合电喷雾质谱法分析了中国蜂胶的化学成分，初步确认出 50 个酚类化合物，如异阿魏酸、3,4-二甲氧基肉桂酸、*p*-香豆酸苄酯、*p*-香豆酸肉桂酯、咖啡酸肉桂酯、球松素、短叶松素-3-乙酸酯、短叶松素-3-丙酸酯等化合物。

沙娜等（2009）采用 Zorbax Extend-C_{18}（250mm×4.6mm，5μm）为分析色谱柱，以甲醇-0.3%乙酸水溶液为流动相测定了 18 批不同来源蜂胶的 HPLC 指纹图谱，并根据检测结果确定了 15 个共有指纹峰，确认了其中的 14 个成分，分别为咖啡酸、*p*-香豆酸、异阿魏酸、3,4-二甲氧基肉桂酸、5-甲氧基短叶松素、短叶松素、松属素、咖啡酸苄酯、5-甲氧基高良姜素、柯因、咖啡酸苯乙酯、高良姜素、3-甲氧基高良姜素和咖啡酸肉桂酯。

Kumazawa 等（2004）在对不同来源蜂胶的抗氧化活性的研究中，用高效液相色谱-光电二极管阵列检测器（HPLC-PDA）结合 MS 的方法分析了来自中国河北、湖北及浙江三个地区蜂胶醇提物的化学成分，其中均含有咖啡酸、*p*-香豆酸、3，4-二甲氧基肉桂酸、槲皮素、5-甲氧基短叶松素、芹菜素、山柰酚、短叶松素、亚桂皮乙酸、柯因、松属素、高良姜素、短叶松素-3-乙酸酯、咖啡酸苯乙酯、咖啡酸肉桂酯、柚木柯因，且醇提物中柯因、松属素和短叶松素-3-乙酸酯的含量较高。

Usia 等（2002）通过柱色谱并结合红外质谱、核磁共振技术发现，中国蜂胶中含有柯因、高良姜素、良姜素、芹菜素、柚木柯因、松属素、短叶松素、异阿魏酸、3,4-二甲氧基肉桂酸、阿魏酸苄酯、咖啡酸苄酯和咖啡酸苯乙酯，还分离出了两种新黄酮，分别为3-*O*-[（*S*）-2-丁酰甲基]短叶松素和6-苯丙烯柯因。

Sha 等（2009）研究来自河南蜂胶的抗肿瘤细胞毒性成分时，通过色谱及光谱技术鉴定出了鼠李素、高良姜素、异阿魏酸、松属素、柯因、5-甲氧基-3,7-二羟基黄酮、芹菜素、异鼠李素和槲皮素，并结合核磁共振光谱技术鉴定出一对新的黄烷醇外消旋物和一新的黄烷醇混合物。

Gardana 等（2007）采用反相 LC-DAD-MS 方法分析了 16 个国家的蜂胶样品，其中中国地区蜂胶样品有 12 个。研究认为，中国蜂胶的主要特点是含有黄酮类和酚酸类物质，主要成分为柯因（2%～4%）、松属素（2%～4%）、短叶松素乙酸酯（1.6%～3%）及高良姜素（1%～2%）。此外，还含有咖啡酸、阿魏酸、异阿魏酸、肉桂酸、3,4-二甲氧基肉桂酸、短叶松素、亚桂皮乙酸、咖啡酸苯乙酯及一系列 *p*-香豆酸的酯类和短叶松素的酯类。

Yang 等（2011）对来源于安徽的蜂胶样品进行了研究，通过色谱[HPLC、高效薄层色谱（HPTLC）]和光谱（UV、IR）数据，并结合质谱、核磁共振技术及标准品和相关文献，确认了其中含有的 21 种化合物，分别为 *p*-香豆酸、异阿魏酸、3,4-二甲氧基肉桂酸、5-甲氧基短叶松素、肉桂酸、4-甲氧基肉桂酸、短叶松素、鼠李柠檬素、咖啡酸-3-甲基-丁烯酯、咖啡酸-3,3-二甲基-丙烯酯、咖啡酸-2-甲基-2-烯酯、柯因、短叶松素、高良姜素、咖啡酸苯乙酯、咖啡酸肉桂酯、咖啡酸苄酯、3,3′-二甲氧基槲皮素、柚木柯因、3-乙基-7-甲氧基-短叶松素和 7-甲氧基高良姜素。

Ahn 等（2007）通过 HPLC-PDA 并结合 MS 对来自国内 12 个省份的 20 个蜂胶样品的成分进行了研究，发现除了云南和海南的蜂胶差异较大以外，其余省份的蜂胶样品成分较为相似，几乎均可检测到的成分有咖啡酸、*p*-香豆酸、阿魏酸、3,4-二甲氧基肉桂酸、5-甲氧基短叶松素、短叶松素、亚桂皮乙酸、咖啡酸苯乙酯、柯因、松属素、高良姜素、短叶松素-3-乙酸酯、咖啡酸苯乙酯和柚木柯因。该研究表明我国大部分地区蜂胶的成分较为相似。

吴正双（2011）和王光新（2011）通过 HPLC-PDA 并结合 MS 研究了我国北方 11 个地区的蜂胶样品成分，发现所有样品均含有咖啡酸、*p*-香豆酸、异阿魏酸、3-羟基-4 甲氧基肉桂酸、苯甲酸、肉桂酸、山柰酚、异鼠李素、芹菜素、鼠李素、松属素、柯因、咖啡酸苯乙酯、高良姜素和苯甲酰肉桂酯。此外，部分样品还含有少量的 3,4-二羟基苯甲醛、香草酸、香兰素和肉桂醇。

我国蜂胶原料很大一部分来自于河南，罗照明等（2013）通过用 75%乙醇对来自于河南的蜂胶样品进行提取，用高效液相色谱进行分离，采用紫外检测和一级或者二级质谱检测相结合，以及通过与标准品的保留时间及紫外光谱进行对照比较，确认了河南蜂胶样品活性成分有 3,4-二羟基苯甲醛、咖啡酸、香兰素、*p*-香豆酸、阿魏酸、异阿魏酸、苯甲酸、3,4-二甲氧基肉桂酸、肉桂酸、短叶松素、槲皮素、山姜素、山柰酚、亚桂皮乙酸、芹菜素、异鼠李素、松属素、短叶松素-3-乙酸酯、柯因、咖啡酸苯乙酯、高良姜素、球松素、柚木柯因、肉桂酸肉桂酯、4-甲氧基肉桂酸、5-甲氧基短叶松素、5,7-二甲氧基槲皮素、咖啡酸苄酯、5,7-二甲氧基短叶松素、*p*-香豆酸苄酯、咖啡酸肉桂酯、短叶松素-3-戊酸酯、*p*-香豆酸肉桂酯、短叶松素-2-甲基丁酸酯、短叶松素-3-己酸酯。实验获得的高效液相色谱图见图 4-7。

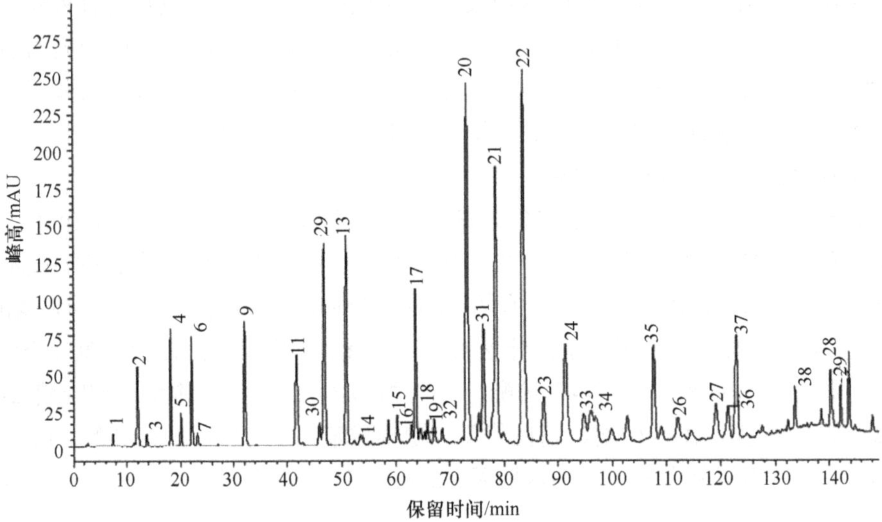

图 4-7　河南蜂胶醇提物的高效液相色谱图

1. 3,4-二羟基苯甲醛（3,4-dihydroxybenzaldehyde）；2. 咖啡酸（caffeic acid）；3. 香兰素（vanillin）；4. *p*-香豆酸（*p*-coumaric acid）；5. 阿魏酸（ferulic acid）；6. 异阿魏酸（isoferulic acid）；7. 苯甲酸（benzoic acid）；9.3，4-二甲氧基肉桂酸（3，4-dimethoxy cinnamic acid）；11. 肉桂酸（cinnamic acid）；13. 短叶松素（pinobanksin）；14. 槲皮素（quercitin）；15. 山姜素（alpinetin）；16. 山柰酚（kaempferol）；17. 亚桂皮乙酸（cinnamylideneacetic acid）；18. 芹菜素（apigenin）；19. 异鼠李素（isorhamnetin）；20. 松属素（pinocembrin）；21. 短叶松素-3-乙酸酯（pinobanksin-3-acetate）；22. 柯因（chrysin）；23. 咖啡酸苯乙酯（caffeic acid phenethyl ester）；24. 高良姜素（galangin）；26. 球松素（pinostrobin）；27. 柚木柯因（tectochrysin）；28. 肉桂酸肉桂酯（cinnamyl cinnamate）；29. 5-甲氧基短叶松素（5-methoxy pinobanksin）；30.4-甲氧基肉桂酸（4-methoxy cinnamic acid）；31. 咖啡酸苄酯（benzyl caffeate）；32. 5,7-二甲氧基槲皮素（5,7-dimethoxy quercitin）33.5,7-二甲氧基短叶松素（5,7-dimethoxy pinobanksin）34. *p*-香豆酸苄酯（*p*-coumaric acid benzyl ester）35. 咖啡酸肉桂酯（caffeic acid cinnamyl ester）36. 短叶松素-3-戊酸酯（pinobanksin-3-pentanoate）37. *p*-香豆酸肉桂酯（*p*-coumaric acid cinnamyl ester）38. 短叶松素-2-甲基丁酸酯（pinobanksin-2-methyl-butyrate）39. 短叶松素-3-己酸酯（pinobanksin-3-hexanoate）

表 4-4 为河南蜂胶样品醇提物中各组分的含量。可以看出，河南蜂胶的主要成分为黄酮类和酚酸及其酯类物质。黄酮类物质中，短叶松素-3-乙酸酯含量最高，其次为柯因、松属素、短叶松素、高良姜素。酚酸及其酯类物质中，咖啡酸苯乙酯含量最多，其次是亚桂皮乙酸、苯甲酸、异阿魏酸、3,4-二甲氧基肉桂酸。这一结果与 Kumazawa 等（2004）的研究结果相似。Gardana 等（2007）测定了来自

于欧洲和亚洲地区的蜂胶样品，其中含量较高的黄酮有柯因（2%～4%）、松属素（2%～4%）、短叶松素乙酸酯（1.6%～3%）及高良姜素（1%～2%），我国蜂胶样品总黄酮含量为4.1%～21.9%，总酚酸含量为1.1%～2.9%。罗照明等（2013）的实验结果表明，河南蜂胶中酚酸及其酯类占原胶的4%，黄酮类占原胶的13%，其中咖啡酸苯乙酯、亚桂皮乙酸和苯甲酸是河南蜂胶中含量最多的酚酸及其酯类；短叶松素-3-乙酸酯、柯因、松属素、短叶松素和高良姜素是河南蜂胶中含量最多的黄酮类物质，约占所有黄酮的90%。这一结果与上面提到的大多数研究相符合。一般来说，按照国内的研究结果，柯因、松属素、高良姜素一直是公认的中国蜂胶里含量较多的黄酮类物质，而对于短叶松素及其酯类却少有提到，其实它们在河南蜂胶的醇提物中含量也相当高。

表4-4　河南蜂胶醇提物中各成分含量

酚酸及其酯类	含量（mg/g 原胶）	黄酮	含量（mg/g 原胶）
3,4-二羟基苯甲醛	0.25	短叶松素	15.14
咖啡酸	2.98	槲皮素	0.39
香兰素	0.49	山姜素	0.86
p-香豆酸	2.77	山柰酚	0.55
阿魏酸	1.48	芹菜素	1.05
异阿魏酸	4.40	异鼠李素	1.51
苯甲酸	4.92	松属素	24.27
3,4-二甲氧基肉桂酸	3.55	短叶松素-3-乙酸酯	34.51
肉桂酸	1.04	柯因	33.01
亚桂皮乙酸	5.65	高良姜素	13.63
咖啡酸苯乙酯	9.71	球松素	2.42
肉桂酸肉桂酯	1.80	柚木柯因	3.46
总酚酸及其酯类	39.03	总黄酮	130.80

罗照明等（2013）在研究中还发现，我国蜂胶化学成分虽然复杂，但其活性成分主要是黄酮类和酚酸及其酯类物质。由于我国是世界上杨树种植面积最大的国家，杨树人工林总面积700多万公顷，也是天然杨树资源最丰富的国家之一。因此综合近几年的国内外研究和近期的研究成果，中国蜂胶的类型主要是杨树型，与欧洲蜂胶成分相似，其包含的主要活性成分如下：3,4-二羟基苯甲醛、咖啡酸、香兰素、*p*-香豆酸、阿魏酸、异阿魏酸、苯甲酸、3,4-二甲氧基肉桂酸、肉桂酸、短叶松素、槲皮素、山姜素、山柰酚、亚桂皮乙酸、芹菜素、异鼠李素、松属素、短叶松素-3-乙酸酯、柯因、咖啡酸苯乙酯、高良姜素、球松素、柚木柯因、肉桂

酸肉桂酯、4-甲氧基肉桂酸、5-甲氧基短叶松素、5,7-二甲氧基槲皮素、咖啡酸苄酯、5,7-二甲氧基短叶松素、*p*-香豆酸苄酯、咖啡酸肉桂酯、短叶松素-3-戊酸酯、*p*-香豆酸肉桂酯、短叶松素-2-甲基丁酸酯、短叶松素-3-己酸酯等。

综合上述文献报道，产自我国的蜂胶主要含有三类成分：①酚酸及醛类，包括 3,4-二羟基苯甲醛、咖啡酸、*p*-香豆酸、阿魏酸、异阿魏酸、3,4-二甲氧基肉桂酸、肉桂酸、亚桂皮乙酸；②黄酮类，包括 5-甲氧基短叶松素、短叶松素及短叶松素的酯类、槲皮素、山柰酚、芹菜素、异鼠李素、松属素、柯因、高良姜素；③酚酸酯类，包括咖啡酸苄酯、阿魏酸苄酯、*p*-香豆酸苄酯、*p*-香豆酸肉桂酯等。

（二）中国蜂胶中各成分的生物活性

蜂胶具有广谱抗菌性、抗氧化性、抗肿瘤、调节血脂血糖等十分广泛的生物学作用，这主要与其所含有的丰富的黄酮类和酚酸及其酯类物质密切相关，这些物质具有相似而又不同的生物学活性。

1. 咖啡酸

咖啡酸又称二羟基肉桂酸，广泛存在于植物中，是天然、安全的自由基猝灭剂，具有优异的抗氧化特性。药理学研究表明，咖啡酸具有活血化瘀、镇咳、祛痰、抗氧化、抗肿瘤等功效，还具有缩短血凝及出血时间、止血的作用。

2. *p*-香豆酸

p-香豆酸又称对羟基肉桂酸，以豆科植物含量居多。大量研究表明，*p*-香豆酸有很强的生物活性，如抗氧化、抗肿瘤、抗化疗升白等。同时，*p*-香豆酸还是利胆的有效成分，且作用缓和、持久。

3. 阿魏酸和异阿魏酸

阿魏酸和异阿魏酸是中药升麻的主要活性成分。阿魏酸有许多保健功用，如抗氧化、清除自由基、抗血栓、抗菌抗病毒、抑制肿瘤、降血脂、防治冠心病、保护 DNA 抗氧化活性等。异阿魏酸和阿魏酸的功效相似，且具有明显的解热、镇痛和抗炎作用，可抑制多种炎症，毒性小，对胃肠道无刺激性。

4. 香兰素

香兰素又称香草醛，常被用作香料添加剂而广泛应用于化妆品、糖果、饮料及烘烤食品等行业。香兰素对酪氨酸酶具有明显的抑制作用，可抑制酪氨酸酶单酚酶的稳态活性和二酚酶活性。对酪氨酸酶单酚酶的抑制效应主要表现为酶催化反应迟滞时间有明显的延长。

5. 肉桂酸

肉桂酸又称桂皮酸，可用于治疗脑血栓、脑动脉硬化、冠状动脉硬化等病症。此外，肉桂酸还被应用于美容方面，具有抑制形成黑色素的酪氨酸酶的作用，对紫外线有一定的隔绝作用，能使褐斑变浅，甚至消失，是高级防晒霜中必不可少的成分之一。

6. 松属素

松属素又称乔松素，在蜂胶中含量丰富。松属素具有抗菌、抗原虫、抗诱变、抗氧化、抑制睾酮还原酶、抑制酪氨酸酶、抑制葡萄糖基转移酶、抑制肥大细胞及中性粒细胞分泌、杀虫、抗肿瘤、局部麻醉等多种药理学活性。

7. 柯因

柯因又称白杨素，是蜂胶和蜂蜜的主要生物活性成分之一，对多种肿瘤细胞具有良好的抗增殖活性，对某些结肠癌、肝癌、胃癌、白血病、黑色素瘤细胞系具有促凋亡作用。柯因还能够通过抑制环氧化酶的表达和增加白细胞介素达到抗炎的作用。此外，柯因也是抗焦虑药物的一种成分。

8. 高良姜素

高良姜素是天然的黄酮醇，具有化学防护作用，如抗突变、抗致畸及较强的抗脂质过氧化活性。高良姜素还具有抗菌、抗病毒和消炎作用，如抗单纯性疱疹病毒、抑制引起龋齿的链球菌变种中葡萄糖转移酶活性、抑制革兰氏阳性菌、抗真菌、抗滤过性病原体活性等。

9. 咖啡酸苯乙酯

咖啡酸苯乙酯（CAPE）是蜂胶中一种重要的成分物质，近十年来一直是国内外研究的热点。CAPE 对肿瘤细胞具有特定的杀伤力，对恶性病变组织有细胞毒性，表现出极强的抑制癌细胞作用。此外，CAPE 还是一种强力的抗氧化剂，能够清除活性氧化物质，且具有免疫调节及抗炎作用。

10. 芹菜素

芹菜素是一种天然的黄酮类化合物，具有抗肿瘤作用，能够抑制肿瘤细胞生长、诱导肿瘤细胞凋亡、抑制致癌物质的致癌活性。芹菜素还具有抗氧化作用，能够灭活自由基、螯合金属离子、抑制脂质过氧化等。同时，芹菜素还可以保护心血管、降血压、舒张血管、预防动脉粥样硬化。

11. 槲皮素

槲皮素是植物界最常见的类黄酮之一。研究表明，槲皮素不仅可以直接提高动物的抗氧化能力，还可以与维生素 C 和维生素 E 协同发挥抗氧化作用。此外，槲皮素能够抗菌消炎、抑制病毒复制，可以防治多种肝损伤，如脂肪肝、肝硬化和肝纤维化。对多种细胞均具有抗纤维化作用，如肝细胞、肺细胞和心肌细胞等。

12. 山姜素

山姜素是一种天然的黄酮类化合物，主要存在于姜科植物中，如姜黄、豆蔻等。研究发现，山姜素具有抗菌、抗氧化、抗癌、抗血栓、降压、降血脂、降血糖、止吐、镇痛等方面的作用。

13. 山柰酚

山柰酚对肺癌、宫颈癌、前列腺癌、胰腺癌及胶质母细胞瘤都有很好的抑制作用，高摄入山柰酚可以减少晚期大肠腺瘤的复发。同时，山柰酚具有抗感染、抑菌消炎的作用。此外，山柰酚还能够预防动脉粥样硬化的发生，增加胰岛素的分泌，通过激活甲状腺激素预防糖尿病，并且对蛋白激酶具有抑制及免疫抑制作用。

14. 3,4-二羟基苯甲醛

3,4-二羟基苯甲醛可以抗炎和增加冠脉血流量，是天麻中抗心绞痛的有效成分，是老头草治疗肾炎的主要有效成分之一，也是丹参注射液的主要成分，具有扩张血管、改善微循环、护肝抗凝等作用。

15. 鼠李素

鼠李素具有抗心肌缺氧缺血、抗心律失常和降低血清胆固醇、促进血流通畅等作用。鼠李素还能够抑制低密度脂蛋白的氧化、抑制人肺癌细胞的增殖生长并诱导其凋亡分化。

16. 短叶松素

短叶松素广泛存在于蜂胶中，是一种具有抗氧化活性的生物类黄酮，能够抑制低密度脂蛋白的氧化及减少维生素 E 自由基。

（三）不同省份蜂胶中多酚类物质特点

罗照明（2013）曾开展过一项关于中国蜂胶中多酚类化合物的研究，研究根据来自于不同地区的蜂胶样品中多酚类物质的含量，将同一个地区的蜂胶样品中测定的多酚类化合物进行平均，算出不同地区蜂胶的多酚类化合物的含量。结果发现，有 7 个省（自治区、直辖市）的蜂胶平均总黄酮的含量低于 100mg/g，包括福建、西藏、青海等；有 10 个省（自治区、直辖市）的蜂胶平均总黄酮的含量为 100～150mg/g，包括陕西、甘肃、江西、安徽等中部地区；有 4 个省（自治区、直辖市）的蜂胶平均总黄酮的含量超过 150mg/g，包括北京、江苏、湖北、湖南。不同地区的平均总酚酸及其酯类物质的含量为 1.40～33.62mg/g，其中除了福建、青海、西藏、新疆 4 个省（自治区）蜂胶样品的平均总酚酸及其酯类物质含量较低，其他省（自治区、直辖市）的含量都超过 16mg/g，其中湖南、河南、河北、北京等地所含总酚酸及其酯类物质较高。总多酚含量超过 130mg/g 的蜂胶样品主要集中在我国的中北部地区，包括湖北、河南、安徽、河北等；总多酚含量为 100～130mg/g 的蜂胶样品主要集中在浙江、四川、山西、吉林、黑龙江等；总多酚含量低于 100mg/g 的蜂胶样品主要集中在西部地区，包括青海、新疆、西藏、贵州、云南及福建 6 个省（自治区）。此外，该研究通过对来自于 25 个省（自治区、直辖市）的 105 种蜂胶样品中多酚类成分进行分析发现，除了云南蜂胶样品，所有的蜂胶样品都含有 *p*-香豆酸、短叶松素、松属素、短叶松素-3-乙酸酯、柯因，大部分蜂胶样品还含有 5-甲氧基短叶松素、高良姜素、咖啡酸苯乙酯、咖啡酸、阿魏酸等成分，表明这些成分在我国蜂胶中普遍存在。其中含量普遍较高的黄酮类化合物有 5-甲氧基短叶松素、短叶松素、松属素、短叶松素-3-乙酸酯、柯因、高良姜素这 6 种物质，含量较高的酚酸及其酯类物质有咖啡酸苯乙酯、*p*-香豆酸、咖啡酸、异阿魏酸。不同的蜂胶样品，其各组分的含量不同，表现在 HPLC 色谱图上面，各峰的高低也不一样。Shi 等（2012）通过 UPLC 对 15 个蜂胶样品中 11 种多酚类物质的含量进行测定，其结果与本研究接近。就总体成分而言，我国蜂胶的成分与韩国、智利、意大利等国家的蜂胶成分接近，色谱图也相似，都属于杨树型蜂胶。

目前，蜂胶国家标准 GB/T24283—2009《蜂胶》中，将总黄酮列为蜂胶质量的控制指标。以蜂胶为主要原料的保健食品几乎均以总黄酮作为主要功效成分，测定方法为以芦丁为标准品的比色法，但该方法专属性不强。而现行的蜂胶国家标准 GB/T19427—2003 还要求检测蜂胶中的 8 种黄酮，包括芦丁、杨梅酮、槲皮素、松属素、柯因、高良姜素、山柰酚（莰菲醇）、芹菜素。罗照明等（2013）研究分析发现，我国蜂胶中不含有芦丁、杨梅酮，而槲皮素、山柰酚、芹菜素含量都很低。因此，建议在蜂胶活性成分的检测中，可以增加检测其他含量较多的功效成分，如短叶松素-3-乙酸酯、5-甲氧基短叶松素、短叶松素及咖啡酸苯乙酯、*p*-香豆酸、咖啡酸等，从而对于蜂胶质量做出更加全面科学的评价，同时也能够为蜂胶保健食品的审评提供理论依据，并在保健食品审评中，鼓励申请人能够制定出适合自身产品功效标志性成分的检测方法。

三、蜂胶活性物质的分离与提取

蜂胶原胶中含有较多的杂质及蜂蜡，不宜直接食用，需对其进行处理，除去杂质及其中所含有的不可食用物质。然后将蜂胶中的活性物质提取出来，进行进一步的加工，才能形成蜂胶类产品。目前，对蜂胶原胶的生产处理可有如下几种方法。

（一）粉体法

早期人们将主要的研究方向放在了蜂王浆上，而对于蜂胶很少有人问津，因而最早对于蜂胶活性物质的开发方法便是机械方法，俗称粉体法。粉体法是利用机械方法将蜂胶原胶除杂后，借助机械力将蜂胶粉碎成粉末状后制成产品，该方法操作简单、耗时较少，也不需要任何有机试剂及复杂的专业知识，得到的成品成分损失也少。但该方法得到的仅是蜂胶粗产品，不能够使其中有效物质的活性得到最大程度的发挥，且对于具有生理功能作用的物质也无法准确了解，更重要的是其中还含有一定量的非活性物质。因此，随着研究的不断深入，该方法目前只用于对蜂胶进行前处理，而不再被用于提取蜂胶中的活性物质。

（二）无机试剂提取法

为了改进机械提取的不足，早期的实验发现用水作提取剂可将蜂胶中的活性物质提取出来，方法是将蜂胶经过机械打碎后，放在水中浸泡一段时间，这样提取得到的主要是一些极性物质，如酮类、醛类、酚类等，但对于一些非极性物质和挥发性的活性物质很难提取出来。王小平等（2007）将水溶液浸提改为水蒸馏法，结果表明可以很好地将蜂胶中的挥发性活性物质提取出来，国外也出现有水溶性的蜂胶产品。但是，该种提取方法的耗材量大、时间较长，提取率也较低，且可能会使某些物质发生变性，以及使某些重金属物（特别是铅）残留其中，因而水溶液提取后还要做进一步的脱铅处理。林贤统等（2008）采用硫酸铜、硫酸铵、氢氧化钠、碳酸钠、碳酸氢钠及氨水作为蜂胶活性物质的提取试剂进行实验研究，结果显示所用的提取试剂的碱性越强，提取率越高，但是强碱性的提取剂对于黄酮类活性物质具有较大的破坏性，会使得到的提取物质活性降低，这无形中降低了蜂胶的功能效用，更重要的是无机极性提取剂不能够将蜂胶中的非极性活性物质提取出来，这也就使得蜂胶中的成分无法得到最大限度的提取，从而限制了蜂胶功效的开发。

（三）有机试剂提取法

为进一步提取蜂胶中的非极性物质，并尽可能保存蜂胶活性物质的活性，科研工作者不再以原始的水溶剂或其他无机试剂作为提取剂，而采用了有机溶剂来对蜂胶中的活性物质进行提取。最初是用乙醇作为提取剂，使用乙醇作为有机提取剂需对蜂胶进行前处理，先把蜂胶放在−10℃条件下进行冷冻，借助机械进行粉碎，然后加入乙醇溶解，并不断搅拌，搁置数小时后，离心取上清液，抽滤去渣，减压浓缩至浸膏，干燥后得到固体蜂胶提取物。陈崇羔和周士雄（1996）对乙醇的最适浓度进行研究，结果发现，浓度为 75%～95%的乙醇提取效率最好。虽然乙醇能够较快地提取蜂胶中的活性物质且适宜大工厂使用，但乙醇的提取率却不令人满意。有研究者对此进行了改进，先加入一定量的二氯甲烷，充分搅拌后进行加热回流，搁置数小时后进行过滤，再让溶剂挥发，然后用乙醇热回流提取、过滤、去蜡，即得到蜂胶抽提物。研究发现，该方法得到的蜂胶提取率很高而且活性也较好。王小平等（2007）使用乙醚进行提取，分别研究比较了乙醚冷浸和乙醚索氏提取法。结果发现，乙醚冷浸提取的挥发性活性物质较少，提取结果不理想，而乙醚索氏提取法所得到的挥发性活性物质较多，且多为萜烯类，值得注意的是，该方法为以后实验提取挥发性活性物质提供了研究方向。

（四）硼高分子电解质法

硼高分子电解质法是近年来日本科学家的最新研究成果，该方法将阴离子型高分子化合物——硼高分子电解物的稀释精制水溶液与含有蜂胶的纤维素充分混溶。高分子电解物的稀释精制水溶液可不断分解蜂胶，再加入乙醇和以海藻为原料的纤维素，从而可提取出含有效成分的亲水性凝胶体，经提炼后的结晶具有很强的除菌力，且用该方法得到的提取物具有很好的活性。但是，这种方法操作复杂、成本高，不易于大规模推广，且存在非极性较强物质难以提取出来的问题。

（五）超临界流体提取方法

超临界流体技术在近几十年发展迅速，在食品、医药、化工、材料科学、环境科学、分析技术等领域已得到广泛的应用。在医药和食品工业中，超临界流体技术主要用于中草药有效成分，包括挥发性油、生物碱、苷类、香豆素类、萜类的提取。二氧化碳因其临界温度和临界压力低（31.06℃，7.39MPa），对中、低分子质量和非极性的天然产物有较强的亲和力，而且具有无色、无味、无毒、不易燃、不易爆、低膨胀性、低黏度、低表面张力、易于分离、价廉、易制得高纯气体等特点，是应用最为广泛的超临界流体。

超临界 CO_2 萃取法萃取过程短、萃取温度低、系统密闭。采用超临界 CO_2 提取工艺可以提高乙醇溶出物的脂溶性成分得率。王洪伟（2007）经实验研究发现，超临界 CO_2 萃取的最佳萃取条件为压力 30MPa，温度为 60℃，时间为 4h，原料和辅料配比为 4∶1，萃取流速为 50kg/h，分离温度为 30℃。在此条件下得到的活性物质种类较齐全，且活性较完整。谷玉洪等（2006）采用超临界 CO_2 并用乙醇作夹带剂萃取蜂胶中的黄酮类有效成分，萃取物中仅含有少量树脂、蜂蜡等亲脂性成分。曾志将等（2006）采用超临界 CO_2 萃取蜂胶时发现，超临界萃取是一种去除蜂胶原料中铅的有效方法。Lee 等（2007）采用超临界 CO_2 提取纯化了巴西蜂胶中的 3,5-异戊二烯-4-羟基肉桂酸（DHCA，阿替匹林 C），其结果远高于乙醚乙酯的提取率。此外，国外已有研究报道，利用超临界流体技术提取的蜂胶和其他活性物质混合制成了混合油。

（六）其他提取技术

对于蜂胶中活性物质的提取技术，除上述几种方法外，还有固相萃取技术、酶法降解提取等。前者可以很好地提取挥发性物质，而后者在提取黄酮类物质上有很大的优势，其采用生物酶解方法对蜂胶黄酮分子进行修饰，使之转化为苷元型黄酮，可大大提高蜂胶中黄酮的生物效价。同时，该方法还具有反应温和、环保经济、反应具有高度专一性和选择性等优点，为蜂胶类保健产品的增效提供了新突破口。

（七）取胶方法对蜂胶提取物组分及其含量的影响

由于蜂胶是蜜蜂工蜂采集的各种树脂及混合自身的分泌液形成的，这就导致蜂胶的生产无法实现工业化，同时受到蜜蜂自身生理周期和季节的影响，使得蜂胶的产量很低。目前，蜂胶的生产主要是通过人工采集收集获得。在国外，蜂胶的采集主要有三种方式，分别为楔形集胶器法、刮刀法和覆布法，这三种方式各有优缺点。利用楔形集胶器可以方便快捷地收集蜂胶，省出大量的劳动力，但是这种采集方式会引入较多的杂质且成本较高，为后续蜂胶的提取带来不便。刮刀法简单、方便、快捷且成本低，但由于采集到的蜂胶数量较少，需要通过多次采集、集聚才能收集到足够的量，且蜂胶颜色较黑、块状较大。覆布法是把干净的麻布或者覆布做成与蜂箱副盖一样大小，盖在巢框上。覆布与上框梁形成 2～5mm 的缝隙，蜜蜂便会把蜂胶涂在覆布上，然后每隔 15 天左右取胶 1 次。此方法费时、成本高，但采集的蜂胶颜色较浅、无大块、感官效果好，也利于后续提取处理。目前，国内主要采用的是刮刀法和覆布法来收集蜂胶，图 4-8 和图 4-9 分别展示了这两种方法采集到的蜂胶。

图 4-8 刮刀法采集的蜂胶

图 4-9 覆布法采集的蜂胶

张红城和吴正双（2012）研究了不同采集方法对蜂胶化学成分的影响。实验发现，在相同提取方法下，刮刀法和覆布法采集的蜂胶其得率、总酚、总黄酮含量普遍都是覆布法的高，结果如表 4-5 所示。乙醇浓度对两种蜂胶提取物中总酚和总黄酮的含量都有显著影响，两种蜂胶都是用水提取的得率最小，分别为 1.67%和 1.81%，25%乙醇提取物的得率次之。当乙醇浓度增大时，蜂胶中各物质的溶出量也相应增多，原因是蜂胶中含有蜂蜡和大量的黄酮类化合物，其在乙醇溶液中的溶解度会随着乙醇溶液浓度的增大而增大，从而正相关地影响提取率。浓度为 25%～75%的各乙醇溶液对蜂胶得率、总酚和总黄酮的溶出量随乙醇浓度的升高而迅速增加，且存在着显著差异，而浓度为 75%～100%的乙醇溶液对得率、总酚和总黄酮的溶出量的影响无显著差异，且增幅也显著减小，基本达到平衡。刮刀法和覆布法采集的蜂胶都是在 25%乙醇提取物中总酚含量最高，分别为（386.49±0.17）mg 没食子酸/g 提取物和（425.49±0.43）mg 没食子酸/g 提取物，因为该方法测定的酚酸主要是水溶性的，同时适当浓度的乙醇也有利于一些不溶于水的酚酸的提取，之后总酚含量会随着乙醇浓度的升高而逐渐减小。总黄酮含量随乙醇浓度的升高先增加后减小，当乙醇浓度为 75%时，总黄酮含量均达到最大值，与其他溶剂提取物相比都有显著性差异（$P<0.05$）。而 95%乙醇和无水乙醇提取物的总黄酮含量比 75%乙醇提取出来的少一些，可能是因为乙醇浓度增加，将原蜂胶中的蜂蜡、树脂类其他成分也提取了出来，提取物得率增加，而使提取物中总黄酮的比例下降。

表 4-5 蜂胶不同提取物的得率、总酚、总黄酮含量

提取溶剂	刮刀法蜂胶			覆布法蜂胶		
	得率（%）	总酚（mg 没食子酸/g 提取物）	总黄酮（mg 芦丁/g 提取物）	得率（%）	总酚（mg 没食子酸/g 提取物）	总黄酮（mg 芦丁/g 提取物）
水	1.67±0.03a	298.74±0.32ab	202.42±0.85a	1.81±0.05a	369.31±0.27ab	224.91±0.51a
25%乙醇	3.64±0.08b	386.49±0.17a	396.60±0.66c	3.71±0.14b	425.49±0.43a	410.30±0.31c

续表

提取溶剂	刮刀法蜂胶			覆布法蜂胶		
	得率（%）	总酚（mg 没食子酸/g 提取物）	总黄酮（mg 芦丁/g 提取物）	得率（%）	总酚（mg 没食子酸/g 提取物）	总黄酮（mg 芦丁/g 提取物）
50%乙醇	41.37±0.60c	349.03±0.87ab	471.29±0.51d	42.14±0.51c	355.73±0.31ab	484.79±0.31d
75%乙醇	46.72±0.55d	340.13±0.46bc	584.48±0.83e	47.60±0.79d	341.05±0.15bc	594.18±0.54e
95%乙醇	48.34±0.94d	327.78±0.74c	491.88±0.92d	49.36±0.65d	332.65±0.24c	498.44±0.62d
无水乙醇	50.24±0.76d	289.44±0.72d	483.17±0.67d	51.03±0.16d	297.93±0.02d	491.59±0.41d
市售蜂胶	—	226.82±0.14e	478.65±0.33d	—	226.82±0.14e	478.65±0.33d
超临界 CO_2	13.52±0.45e	101.48±0.71f	326.89±0.35b	14.34±0.34e	103.56±0.01f	338.23±0.39b

注：每列中不同小写字母代表本列数据之间有显著性差异（$P<0.05$）

张红城和吴正双（2012）的研究还显示，市售精制蜂胶是用 95%乙醇（食用酒精）提取的，与本实验室的 95%乙醇提取物相比，总黄酮含量几乎无差异，但是酚酸含量减少，差异性显著（$P<0.05$），可能是由提取工艺或者干燥工艺不同造成的。另外，蜂胶中的酚酸类化合物主要是溶于水的强极性化合物，乙醇的极性相对于水较小，故乙醇浓度越大，提取出的酚酸越少。超临界 CO_2 提取物的得率较低，仅 14.34%，与蔡君等（2010）和谷玉洪等（2006）用此方法提取的得率（分别为 16%、14.7%）相近。该方法提取的总酚含量在以上所有方法中最小，是因为超临界 CO_2 提取方法中主要使用的是超临界 CO_2 流体，极性很小，根据相似相溶原理，提取物主要也是极性弱的物质，尽管使用 95%乙醇作夹带剂，但是夹带剂的量有限，95%乙醇极性与水相比也弱一些，所以超临界 CO_2 提取物的总酚含量和总黄酮含量都较低。

四、蜂胶成分分析技术

目前，常用的成分分析方法有光谱法、色谱法、质谱法、核磁共振等，其中光谱法有紫外光谱法、红外光谱法、荧光光谱法等，色谱法有薄层色谱（TLC）法、气相色谱法、液相色谱法。由于蜂胶成分复杂，在实际应用中一般采用多种方法相结合来对蜂胶的成分进行分析，如 HPLC-MS、GC-MS 等。

（一）光谱法

光谱法具有简单、重复性高、精确度高的优点，特别适用于常规检测。不仅可以检测蜂胶中的总黄酮和总多酚，而且可以检测总黄烷酮、黄烷醇、总黄酮和黄酮醇。在蜂胶分析中应用较多的光谱法是紫外分光光度法，如蜂胶的国家标准（GB/T 24283—2009）中总黄酮的测定就是以芦丁为标准溶液，利用紫外分光光度计对蜂胶中总黄酮进行检测。薛晓丽和李林（2009）利用紫外可见分光光度计对蜂胶胶囊中的总黄酮进行分析检测，结果显示平均含量为 198mg/g，相对标准偏差（RSD）的平均值为 1.83%，三个浓度加样回收率的平均值为 99.64%，表明分光光度法是检测蜂胶中总黄酮含量的一种有效、可行、简便的方法。荧光光度法在蜂胶总黄酮的测定中也有应用。牟兰等（2001）以芦丁为标准样品，分别以 433nm 和 495nm 为激发和发射波长，利用荧光光度法测定蜂胶中的黄酮，结果显示芦丁浓度与荧光发射强度具有良好的线性关系，此方法简便、可靠、快速。此外，红外光谱能够研究分子的结构和化学键，也常作为表征蜂胶中化学成分和鉴别化合物的检测方法。

（二）薄层色谱法

薄层色谱法具有操作方便、设备简单、显色容易、定性结果直观等特点，广泛用于植物药物中活性成分的筛选。固定相和合适的流动相的选择取决于所研究化合物的结构，硅胶是最常用的固定相，样本用不同的流动相洗脱。在分析黄酮类化合物时，常用的流动相有乙醇/水、石油醚/乙酸乙酯、石油醚/丙酮/甲酸等有机溶剂，检测波长通常为 366nm。蜂胶中多酚类化合物种类繁多，适合二维薄层色谱分析。但是，薄层色谱法因其精密度低、重复性差，目前在蜂胶中多酚类物质的定性和定量方面应用还较少。

（三）气相色谱法

气相色谱法已被广泛应用于蜂胶中成分的测定，特别是结合质谱的 GC-MS，具有高分离效能、高灵敏度及高选择性的特点，经常被用于分析蜂胶中的挥发性物质。高振中和降升平（2010）采用气质联用仪对我国 7 省区蜂胶中的主要成分进行了分离鉴定，鉴定出黄酮、酚、醌、萜、甾类等 14 类 79 种物质，其中黄酮、酚、醌、萜类物质含量较高，不同产地蜂胶中挥发性物质的种类基本相似，但各种单一成分的相对含量存在较大差异，并推断认为不同地区蜂胶具有各自代表性的组分，可通过以 GC-MS 方法检测不同蜂胶中的挥发物相对含量和不同地区蜂胶的特征代表物来鉴别蜂胶的产地。延莎（2012）采用固相微萃取的方法提取蜂胶及杨树胶中的挥发性成分，以气相-质谱-嗅闻仪联用对蜂胶中的挥发性成分进行了分离鉴定，测定出 48 种气味活性成分，包括酯、醛、醇、酮和酸，并认为蜂胶中体现花香、果香的成分较多，从而赋予其更为清香、柔和的总体气味特征。Popova 等（2010）通过 GC-MS 方法对来自希腊不同地区的地中海蜂胶进行分析，发现 30 多种二萜烯类物质，进而发现了一类二萜烯类物质含量丰富的蜂胶。

（四）毛细管电泳法

毛细管电泳（CE）又称高效毛细管电泳（HPCE），是一类以毛细管为分离通道、以高压直流电场为驱动力的新型液相分离技术，具有高效、快速、微量、经济、自动化等特点，也常被应用于蜂胶中黄酮和酚酸的分离。Ting 等（2006）通过对 CE 参数的优化，包括 pH、分离电压、缓冲溶液浓度、进样时间等，在 206nm 波长条件下从蜂胶中检测出芹菜素、阿魏酸等 11 种多酚类化合物。研究结果表明，该方法简单、重现性较好，可准确分析检测蜂胶中的多酚类物质。紫外检测器由于通过样品的光程较短导致灵敏度较低，特别是对于一些紫外吸收较弱的化合物的检测。近年来由于大气压电离（API）、电喷雾电离（ESI）及新型质谱仪的快速扫描等新技术出现，CE-MS、CE-MS-MS 均得到快速发展，并正在成为蜂胶中多酚类物质常规分析方法之一。GómezRomero 等（2015）利用 CE-ESI-MS 对蜂胶中抗氧化物质进行了定性和定量测定，分析的化合物包括短叶松素-3-乙酸酯、松属素、柯因等。此外，高效毛细管区带电泳技术（CZE）也在蜂胶成分分析中得到应用。Volpi（2004）通过对 CZE 方法的优化，同时测定了蜂胶提取物中 12 种黄酮和两种酚酸，包括松属素、柯因、柚皮素、咖啡酸等。

（五）液相色谱法

高效液相色谱（HPLC）法作为最常用的分离方法，具有分离效能高、选择性高、检测灵敏度高、分析速度快、应用范围广等特点。HPLC 法在蜂胶成分分析中的运用日益广泛，特别是在蜂胶的水提物和醇提物中酚酸和黄酮种类及含量的测定方面运用较多。徐元君等（2010）建立了同时测定蜂胶醇提物中 23 种多酚类化合物的 HPLC 方法，并用该方法测定了来自于山东和云南的蜂胶样品，通过对比保留时间和紫外吸收光谱，从山东蜂胶中鉴定出 20 种化合物，从云南蜂胶中鉴定出 14 种化合物，并发现两地因地理位置或蜜蜂采集蜂胶的植物不同，蜂胶的成分有一定的差异。虽然 HPLC 方法具有很高的分离效率，但是目前缺乏某些成分的标准样品，因此难以对分离的物质进行定性，而 MS 可以较为准确地进行定性分析，因此利用 HPLC-MS 方法可以同时对蜂胶中复杂的多酚类物质进行分离和定性分析。Volpi 和 Bergonzini（2006）利用 HPLC-MS 方法对不同国家的蜂胶进行成分研究，发现阿根廷、西班牙、意大利地区的蜂胶样品具有大量的松属素，接近检测出的总黄酮量的 1/2。此外，中国、埃塞俄比亚、阿塞拜疆的蜂胶样品没有检测到染料木素、山柰酚，埃塞俄比亚的蜂胶样品中也没有检测到刺槐素。Pellati 等（2011）利用 HPLC-DAD 和 HPLC-ESI-MS/MS 对蜂胶提取物中的多酚类物质进行分离鉴定，利用质谱鉴定出 40 种化合物，并对其中部分多酚类物质进行了定量分析。超高效液相色谱（UPLC）法具有分离时间短的特点，也在蜂胶提取物分析中得到运用。李熠（2008）采用 UPLC 同时测定了蜂胶中类黄酮、阿魏酸、咖啡酸苯乙酯等 12 种活性成分，整个分离过程在 10min 内完成，该方法为评价蜂胶质量提供了一种新的检测方法，已应用于蜂胶样品的实际测定。

五、蜂胶的成品加工

目前，对于蜂胶的加工，主要有将其制成颗粒剂、片剂、胶囊剂及将其添加到其他产品等形式。

（一）颗粒剂

蜂胶的颗粒剂加工，主要是通过以下步骤进行的：①利用常规的提取方法对蜂胶进行提取，制备出符合标准的蜂胶提取物；②按照一定配比，将上述蜂胶提取物和一种固体颗粒分散剂分别进行溶剂溶解后，再混合形成蜂胶料液；③经过滤，在 40～50℃下进行喷雾干燥而成。其中，用于蜂胶提取物颗粒剂中的固体分散剂的相对分子质量最好为 4000～6000，这样可以有效保证制备出的蜂胶颗粒直径大小均匀，不易出现黏结。

（二）片剂

蜂胶的片剂有很多种，这里主要介绍一种咀嚼片的生产加工。以质量分数计，其组成为蜂胶 40%～50%、微粉硅胶 0.5%～2%、微晶纤维素 10%～25%、甘露醇 10%～20%，其余为乳糖。此外，所述的蜂胶咀嚼片还含有薄荷脑 0.3%～0.5%。

操作方法：将蜂胶和微粉硅胶混合，在–20～0℃冷冻，然后加入其他物料，进行湿法造粒，过 15～19 目筛，再在 40～50℃下干燥至水分含量在 6%以下，最后冷却至室温得到所述蜂胶咀嚼片。本产品的优势为采用天然蜂胶，清咽利喉的功效强，无毒性和不良反应，兼具保健功效。制粒采用湿法制粒，片剂咀嚼后蜂胶微粒能有效地分散，利于功效成分的溶出。

（三）胶囊剂

蜂胶的胶囊剂，主要包括软胶囊和硬胶囊两种，现分别对其加工工艺做简要介绍。

蜂胶软胶囊制备操作方法如下。①醇酯混合液的制备。按内容物配方，将单油酸甘油酯投入不锈钢反应桶，水浴加热至 70～80℃（水浴温度可以是 70～100℃），然后加入甘油，搅拌、混合，使物料温度达到 70～80℃，得到醇酯混合液。②醇酯蜂胶液制备。按配方将蜂胶投入醇酯混合液中，反应桶水浴温度为 70～100℃，搅拌、混合、溶解，搅拌速度不限定，溶解时间不限定，以溶解为均匀的流动液体为度。③冷却。将醇酯蜂胶液冷却至 50℃以下，方法不限定。可通过降低反应桶水浴温度、反应桶内冷却水管的冷却作用或放出物料自然冷却均可。目的是防止下一步加入大豆磷脂时，因温度过高而使磷脂降解，失去活性。④亲水蜂胶液制备。将大豆磷脂投入冷却至50℃以下的醇酯蜂胶液中，搅拌、混合，直到形成均匀的亲水性蜂胶液。⑤制备蜂胶软胶囊。将上述亲水性蜂胶液填充制成软胶囊。制备工艺可以为现有技术中的蜂胶液填充制成软胶囊工艺。⑥将上述制备的蜂胶软胶囊内容进行包衣，从而制备成蜂胶软胶囊。

蜂胶硬胶囊制备操作方法：先将蜂胶制备成颗粒物，然后在其外面进行一层硬胶囊包装，进而制备出硬胶囊蜂胶。其中，纳米级蜂胶是现代一种比较时尚的制剂，主要通过下述方式进行生产。将10%～20%的蜂胶醇溶液，在60～80℃水浴条件下搅拌加入已经熔融的聚乙二醇6000，持续搅拌后加入卵磷脂，继续搅拌5min后超声振动，然后冷冻干燥，将冷冻干燥后的蜂胶溶于水中用微孔滤膜过滤。滤液即为纳米蜂胶液，可作为软胶囊或口服液的原料。滤液真空旋转蒸发干燥或冷冻干燥即可得到纳米级的蜂胶粉，然后将所制备的纳米级蜂胶颗粒进行填装，从而制备出蜂胶硬胶囊。这种蜂胶颗粒有助于加快蜂胶在水中的溶出速度和溶出量，可以更好地发挥蜂胶特殊的生物学效应。

此外，还可将蜂胶与其他一些成分进行混合制备一些保健品，如中草药，这类保健品不仅具有蜂胶的一定功效，还具有部分中草药的功效，是目前市场上比较流行的一种产品。

第三节　蜂胶的鉴别

一、行业造假

由于蜂胶含有多种活性成分，具有多种生理活性，因而利用其加工制备得到的产品也具有多种生理功能，在市场上有着良好的口碑和销售前景。但是，蜂胶的产量是有一定限度的，而实际需求量却远远超过这个量，因而在巨大的经济利益驱动下，市场上以假充真、以次充好的蜂胶产品屡见不鲜。这些伪劣产品不但无法确定其产地，甚至还以树胶冒充蜂胶，给消费者的经济利益和人身健康都带来极为恶劣的影响。

面对市场上不断加剧的蜂胶造假问题，许多研究者都将目光投向了真假蜂胶的鉴别上。然而，由于蜂胶的成分复杂多样，难以通过几种活性物质的简单定量有效鉴别出来。同时，蜂胶的成分还会因地域、胶原植物及蜂种的不同而呈现出较大的差异性。此外，由于蜂胶源于树胶，其成分也近似于树胶，因而现行的《中华人民共和国药典》方法及行业标准等均无法区分树胶与蜂胶，这使得蜂胶的质量控制更加难以实施，已严重影响到人们正常食用蜂胶和蜂胶的出口创汇。

二、鉴别方法

从目前对蜂胶鉴别的成果来看，主要是从“微观”和“宏观”两个方面来对蜂胶的成分进行分析。微观分析是指对蜂胶中的活性成分进行分析，宏观分析是指从蜂胶的物理状态、性质、口感等方面对蜂胶进行分析。在微观分析方面，主要是利用近几年发展起来的高效液相色谱（HPLC）法对蜂胶中的成分加以分析，然后建立指纹图谱对真假蜂胶进行鉴别，其主要步骤如下：①供试品溶液的制备。分别取多批蜂胶粉末并准确称定，置于索氏提取器中，用丙酮索氏提取至提取液无色，提取液水浴蒸干，残渣用甲醇溶解，置于容量瓶中，以甲醇定容至刻度，作为供试品溶液。②对照品溶液的制备。分别准确称定芦丁、槲皮素、白杨素、高良姜素对照品适量，用流动相稀释，制成对照品溶液。③色谱条件。色谱柱采用十八烷基硅烷键合硅胶为填料，流动相的A相为甲醇、B相为酸水。采用梯度洗脱方式，流速1.0ml/min，检测波长为283nm、256nm、365nm、360nm，柱温20～30℃。④测定。分别精确吸取对照品溶液和供试品溶液各10μl，分别注入高效液相色谱仪中，依照高效液相色谱法进行实验，以对照品为参照物，测定并记录色谱图，获得蜂胶的HPLC指纹图谱。以上述相同的方法测定杨树胶等假蜂胶的指纹图谱，然后将待测蜂胶样品的指纹图谱与蜂胶的指纹图谱进行对比，筛选出符合蜂胶标准指纹图谱的蜂胶。目前，利用上述高效液相色谱法鉴别蜂胶已较为成熟。此外，也有只用杨树芽作为参比的做法，但该方法具有一定的局限性，只能够针对杨树芽类型的蜂胶进行区别鉴定，而本方法对于原胶和成品蜂胶都适用。在宏观分析方面，主要是从蜂胶的物理性质进行鉴别。需要注意的是，宏观分析法主要是用于对原胶的鉴别，而对成品蜂胶则很难用这种方法鉴别出来。

第四节　蜂胶的贮存

一、蜂胶的稳定性

通常情况下蜂胶的性质很稳定，但正确的贮存方法同样重要。蜂胶及其提取物应该密闭放置于阴暗处，避免过热或是直接加热。蜂胶在贮存超过12个月时，其抗氧化性基本上不会损失，蜂胶的乙醇提取物的抗菌能力在保存15年后不会发生改变。蜂胶良好的稳定性是由于其所含的酚类物质使其具有抗菌特性。蜂胶中的芳香、杂环、黄酮和醌类化合物对光氧化敏感，因而蜂胶应在暗处保藏，蜂胶乙醇提取液应保存在棕色玻璃瓶里。通过测定α-葡糖苷酶的活性可判断蜂胶的新鲜程度，因为蜂胶中的α-葡糖苷酶的活性在室温下会以指数倍下降。

将提取物冻干已经成为保护蜂胶抗菌性的一种方法，但是在蜂胶冻干过程中一些起协调作用的物质会损失。就整体而言，并不推荐使用冻干方法贮存蜂胶，因为蜂胶自身已具有较好的稳定性。

含有蜂胶的产品的货架期在很大程度上取决于它们的成分，而且必须对每个产品都要进行测定。产品中易降解的成分越多，该产品的货架期就越短。选择人工或天然物质作为防腐剂是保证大量产品能够供应市场所必需的。而蜂胶及其提取物因具有抗氧化性和抗菌性可作为中性防腐剂，从而延长产品的货架期。

二、原胶和蜂胶产品的贮存

（一）原胶的贮存

蜂胶原胶含有多种活性成分，这些活性物质在常温和光照下有些容易挥发和变质，如挥发油、萜烯类等。同时，蜂胶中还含有多种抑菌物质，因而在保存时不需要额外加入任何防腐剂及保鲜剂。因此，蜂胶原胶的保存一般采用在–20～–10℃下密封遮光保藏即可。

（二）蜂胶产品的贮存

目前，蜂胶类产品主要为蜂胶颗粒、蜂胶硬胶囊及软胶囊等剂型，对其进行保存时应遵循日用品的保存要求进行保藏。对于蜂胶颗粒，其中含有多种辅料，如黏合剂等，这些辅料易吸收空气中的水分，使用后应立即将瓶盖拧紧，以避免蜂胶颗粒因吸水而发生潮解，而蜂胶中的多种活性成分可保证蜂胶颗粒功效的稳定性。对于蜂胶硬胶囊和软胶囊来说，应放在密闭、避光、阴凉处保存，无须放入冰箱冷冻（胶皮会被冻裂），放在密闭处是因为占蜂胶组分 5%～7%的挥发油容易挥发掉，其具有很强的抗微生物活性。放在避光、阴凉处是因为蜂胶中的萜烯类物质对光较为敏感，遇光易变色，在服用完毕后，也应注意要立即将瓶盖拧紧。对于蜂胶胶囊，尤其是蜂胶软胶囊，还要注意防潮，否则空气中的水分会被胶囊壳吸附，导致胶囊壳变软、变黏，粘连在一起。此外，还应注意蜂胶不宜保存在聚乙烯塑料瓶中，因为这种塑料在生产时往往会加入二乙二醇增塑剂，这种物质很易溶入蜂胶之中。

经卫生部和国家食品药品监督管理局审批的蜂胶类保健食品都经过了产品的稳定性实验。在适宜的保存条件下，保质期一般为 18～24 个月。但尽管如此，建议还是在较短时间内将所购买的蜂胶产品服用完。

第五节　蜂胶的应用

一、蜂胶的主要功能

蜂胶在传统医学中已有上千年的应用历史，早在古埃及、古希腊和古罗马就已发现有关于蜂胶的记载。早在3000年前，古埃及人就用蜂胶涂在人的尸体上，制成了千年不朽的木乃伊。两千多年前，古希腊的亚里士多德在《动物志》中指出“蜂胶这种具有刺激性气味的黑蜡可用于治疗皮肤病、刀伤和化脓症”。1000年前的阿拉伯医学家阿维森纳在他所著的《医典》中详细描述了蜂胶的特征和用途，并指出“当拔出身上的残刺断箭后涂以蜂胶，可消毒伤口、消肿止痛，具有神效”。20世纪爆发的第二次世界大战中，苏联红军在战场救护时曾将蜂胶用以镇痛消炎。随着科学技术的快速发展及对蜂胶研究的不断深入，目前已有大量科学实验研究证明蜂胶具有抗细菌、抗病毒、抗真菌、抗氧化、抗炎、提高免疫力和抑制癌细胞生长等功能。

（一）抗病原微生物作用

蜂胶是蜜蜂生存环境的天然屏障，大量研究表明，蜂胶中含有大量的酚类化合物，对细菌、真菌、病毒等微生物具有良好的杀灭或抑制作用，且病菌不会对其产生“抗药性”。但是，蜂胶对真核细胞寄生虫，如溶组织内阿米巴虫（*Entamoeba histolytica*）、毛滴虫（*Trichomonas vaginalis*）、弓形虫（*Toxoplasma gondii*）等不具有杀灭活性。

1. 抗细菌作用

很多国家和地区的研究人员通过实验均发现，蜂胶具有良好的抗菌活性，且蜂胶的抗菌能力受植物来源、地区差异、蜜蜂种类和采集季节等因素的影响。

（1）植物来源

Silici等（2007）研究了植物来源对蜂胶抗菌活性的影响，发现桉树属蜂胶的抗细菌活性与杨树属蜂胶无显著性差异，对革兰氏阴性菌几乎均无作用，但抗酵母菌活性比杨树属蜂胶略强。经成分鉴定发现，杨树属蜂胶主要成分为短叶松素、咖啡酸、阿魏酸及其酯类，而桉树属蜂胶的主要成分是肉桂酸及其酯类。

（2）地区差异

Popova等（2007）研究了114种不同地区的杨树型蜂胶。实验结果表明，蜂胶中的总酚与其最小抑菌浓度（MIC）存在着负相关关系，并认为测定总活性成分的浓度，比测定单个组分的含量更适用于评价蜂胶的质量。Korua等（2007）对土耳其4个地区的蜂胶和巴西蜂胶进行了抗菌（厌氧菌株）实验。结果发现，土耳其的安卡拉喀山地区的蜂胶抗菌作用最强，其主要成分为短叶松素、槲皮素、高良姜素、柚皮素、柯因和咖啡酸等芳香酸，而且所有蜂胶样品抗革兰氏阳性厌氧菌的作用均强于革兰氏阴性菌。Kosalec等（2003）研究了来自克罗地亚大陆和亚德里亚海地区两种蜂胶的乙醇提取物，尽管二者含有的高良姜素、松属素和咖啡酸含量差别很大，但二者抗革兰氏阳性菌——枯草芽孢杆菌NCTC8236的作用无显著性差异，两种蜂胶醇提物的最大抑菌带分别为18mm和21mm。Popova等（2004）研究了巴西、欧洲、中美洲蜂胶的抗菌作用，结果显示欧洲和巴西蜂胶尽管在化学成分上有显著不同，但具有相似的活性，其抗菌活性都显著高于中美洲蜂胶。此外，也有文献显示，热带蜂胶比亚热带和温带蜂胶的抗菌活性强。

（3）蜜蜂种类

Silici 和 Kutluca（2005）研究了三种不同意大利蜜蜂在相同地区采集蜂胶的组分和抗菌活性，发现蜂胶组分与其主要植物来源—— 杨树胶的组分相同，并且高加索蜂（*Apis mellifera caucasica*）采集的蜂胶的抗菌活性比安纳托利亚蜂（*Apis mellifera anatolica*）和卡尼鄂拉蜂（*Apis mellifera carnica*）采集的蜂胶要强，抑制革兰氏阳性菌的作用比抑制革兰氏阴性菌的强。

（4）采集季节

Sforcin等（2000）研究了采集季节对巴西蜂胶的体外抗菌作用的影响，结果发现不同季节采集的蜂胶对金黄色葡萄球菌和大肠杆菌存活曲线的影响无明显差别，而且不同季节的蜂胶对革兰氏阳性菌的抑制作用明显高于革兰氏阴性菌。

（5）提取方法

提取方法对蜂胶的抑菌作用也有一定影响。张秀喜（2009）研究表明，蜂胶的超声波辅助乙醇提取物抗菌活性＞乙醇回流提取物＞水提取物。蜂胶乙醇提取物的抗菌效果比蜂胶的超临界CO_2萃取物要好。Santos等（2002）实验结果表明，蜂胶乙醇提取液的抑菌效果明显高于用硅胶色谱分离柱和不同溶剂分离出的各组分的抑菌效果。Drago 等（2007）比较了一种市售的亲水性蜂胶产品（商品名为Actichelated蜂胶）与蜂胶的水/乙醇提取物的抗菌性和抗病毒作用，结果发现该市售蜂胶表现出的抗微生物作用远大于蜂胶水/乙醇提取物。

2. 抗病毒作用

蜂胶的抗病毒作用通过体外实验已被广泛研究。Serkedjieva 等（1992）研究发现，50mg/ml 的异戊基阿魏酸酯（从蜂胶中提取的一种成分）能明显抑制流感病毒A/香港（H_3N_2）的传染性；30μg/ml的蜂胶醇提液能够抑制单纯性疱疹病毒（HSV2）、腺病毒-2、水泡性口炎病毒和小儿麻痹病毒-2，且抑制单纯性疱疹病毒的能力强于腺病毒和水泡性口炎病毒，其作用机制可能是通过抑制溶酶体H^+-ATP酶和磷酸酯酶A2的脱壳作用，影响病毒转录因子的磷酸化，从而抑制病毒DNA和RNA的合成。Amoros等（1994，1992）做了大量的蜂胶体外抗病毒实验，并发现蜂胶中的3-叔甲基-2-烯咖啡酸酯具有很强的体外抗单纯性疱疹病毒（HSV-1）的作用。Shimizu等（2008）用小鼠模型研究了蜂胶乙醇提取物的抗流感病毒作用，结果表明，当剂量为2～10mg/kg时，就能够有效延长感染流感病毒小鼠的寿命。此外，蜂胶中的三萜烯类化合物还能够抑制HIV病毒的活性（Ito et al.，2001）。

Gekker 等（2005）用 $CD4^+$淋巴细胞和胶质细胞研究了蜂胶抗 HIV-1 病毒的功效和机制，发现 66.6μg/ml 的蜂胶对两种细胞的抑制率分别为 85%和 98%。蜂胶抗 HIV-1 病毒的机制可能与防止病毒入侵有关。同时，蜂胶对反转录酶抑制剂叠氮胸苷有黏附抗病毒作用，但对蛋白酶抑制剂——茚地那韦无明显效果。

3. 抗真菌作用

吴萍（1995）研究了蜂胶醇提物抑制霉菌的效果，发现相同浓度的蜂胶醇提物对黑曲霉、黄曲霉、木霉的抑制作用较小，但对毛霉、根霉、啤酒酵母的抑制作用很好。Oliveira 等（2006）从甲癣患者的脚趾甲中分离出 67 种酵母菌，并用蜂胶提取物对其做抗真菌实验，结果发现蜂胶乙醇提取物具有很好的抗真菌作用，当黄酮浓度为 5×10^{-2} mg/ml 时能抑制这 67 种真菌生长，当浓度为 2×10^{-2} mg/ml 时能导致细胞死亡。其中，毛孢子菌属对蜂胶提取物最为敏感，MIC_{50}（50%最低抑菌浓度）为 1.25×10^{-2} mg/ml。但热带念珠菌对蜂胶的抗性较强。Dota 等（2010）研究了蜂胶乙醇提取物对阴道分泌液中白色念珠菌和非白色念珠菌的抑制作用，与制霉菌素作用相比，二者作用相当。该研究为将蜂胶应用于临床治疗外阴阴道念珠菌病提供了实验基础。Koc 等（2005）的实验表明，土耳其开赛利蜂胶的 80%乙醇提取物能够抑制 29 种皮肤真菌的生长，其抑制作用仅次于临床抗真菌药物——特比萘芬和伊曲康唑，且远高于另外两种抗真菌药物——酮康唑和氟康唑，可作为治疗脚气的一种很有开发价值的药物。Ozcan（2004）研究了蜂胶水提取物对青霉属、链孢菌属、孢菌属等的抑制作用，发现当蜂胶水提取物的质量分数为 0.5%、1%、2%、3%、4%时能明显抑制青霉属和链孢菌属的生长，且质量分数高于 4%时对所有菌属的抑制率均达到 50%以上。

（二）抗氧化作用

Russo 等（2002）对蜂胶中的咖啡酸苯乙酯和高良姜素的抗氧化作用进行了分析，指出是否含有咖啡酸苯乙酯是蜂胶清除自由基活性强弱的关键，其抗氧化能力大于高良姜素，并认为咖啡酸苯乙酯是蜂胶中的主要抗氧化成分。Nagai 等（2003）制备出了巴西蜂胶的水提物，并研究了其脂质抗氧化活性，发现巴西蜂胶的水提物脂质抗氧化活性很强，浓度为 1～5mg/ml 时其活性比 5mmol/L 的抗坏血酸要高。同时清除超氧阴离子的能力也很强，当浓度为 50～100mg/ml 时就能够完全抑制超氧化合物和羟自由基（· OH）的产生。Volpert 和 Elstner（1993）研究表明，蜂胶水提物对心肌黄嘌呤和黄嘌呤氧化酶催化的氧化反应均有抑制作用，对吲哚乙酸的过氧化反应也有抑制作用，其抗氧化作用可能与含有的单酚和多酚化合物有关。Ahn 等（2007）对中国 12 个省份蜂胶乙醇提取物的化学组成及抗氧化活性进行了分析，结果表明云南和海南蜂胶中含有其他省份蜂胶中没有的特殊成分，除云南蜂胶外，其他地区蜂胶的总酚含量都较高，且具有较强的抗氧化活性，而且咖啡酸、阿魏酸和咖啡酸苯乙酯含量越高，其抗氧化能力越强。Shigenori等（2004）对阿根廷、澳大利亚、巴西、中国等16个不同国家和地区蜂胶乙醇提取物的抗氧化活性进行了比较，发现阿根廷、澳大利亚、中国等的蜂胶有很强的抗氧化活性，这些蜂胶中的主要抗氧化物质是山柰酚和咖啡酸苯乙酯，并认为蜂胶抗氧化活性与总酚及黄酮含量有关，且总酚和总黄酮含量越高，抗氧化活性越强，这一结论与大多数研究结论相一致。而Teixeira等（2010）的实验结果表明，巴西米纳斯基拉斯州三种蜂胶甲醇提取物的抗氧化能力与总酚、阿替匹林C和其他酚类无相关性。Wu等（2007）研究了蜂胶清除1,1-二苯基-2-三硝基苯肼（DPPH）自由基和超氧自由基的活性，发现蜂胶的自由基清除活性与其含有的抗氧化化合物羟基数目、儿茶素环数目、极性和疏水性有关，且化合物分子中羟基数量越多，其抗氧化能力越强。同时，该研究也对咖啡酸苯乙酯的抗氧化活性进行了分析，并发现咖啡酸苯乙酯具有很强的抗氧化活性。Rodrigo 和 Helenateixeira（2009）比较了蜂胶中12种黄酮类物质清除DPPH自由基的活性，研究发现，当清除自由基指数（AAI）＜0.5时，蜂胶清除自由基活性较低，0.5＜AAI＜1.0时为适中，1.0＜AAI＜2.0时较强，＞2则为很强。该研究结果显示，没食子酸、槲皮素、芦丁、阿魏酸等物质具有很强的清除自由基活性。

吴正双等（2010a）研究了蜂胶醇提物在细胞内的抗氧化活性（CAA），实验将2′,7′-二氯荧光素二乙酸盐（DCFH-DA）荧光探针装载到人肝癌Hep G2细胞内，然后其被进入到细胞内的ABAP产生的活性氧氧化成有荧光的二氯荧光（DCF）。以荧光值为指标，使用多功能酶标仪和荧光倒置显微镜来分析蜂胶醇提物清除活性氧的能力，实验结果如图4-10、图4-11和表4-6所示。当CAA值达到50时，蜂胶醇提物浓度仅为0.14mg/ml；当蜂胶醇提物浓度为0.5mg/ml时，细胞内的活

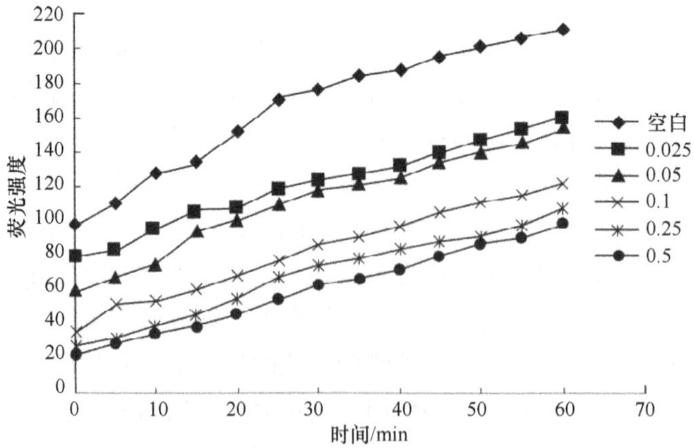

图4-10　蜂胶醇提物对细胞荧光强度的影响

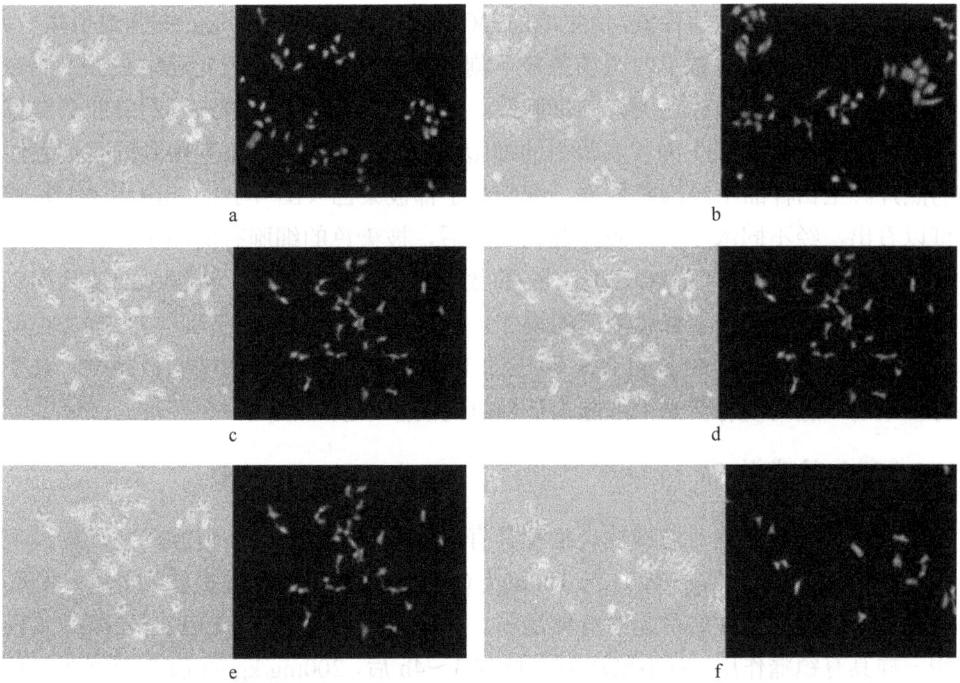

图 4-11　荧光倒置显微镜下（20×）观察蜂胶醇提物的抗氧化效果（彩图请扫封底二维码）

每组左侧照片均在明场条件下拍摄，每组右侧照片均在荧光条件下拍摄；a. 为空白组，不加蜂胶醇提物，b～f 为加入不同浓度的蜂胶醇提物（蜂胶醇提物的终浓度分别为 0.025mg/ml、0.05mg/ml、0.1mg/ml、0.25mg/ml、0.5mg/ml）

性氧显著减少，有绿色荧光的细胞数减少了近一半，清除率接近 50%。由图 4-11 可见，蜂胶醇提物能显著降低细胞内荧光强度，且抗氧化作用随蜂胶醇提物浓度的增大而增强，并呈现出良好的剂量-效应关系。这表明蜂胶醇提物能够降低细胞内的活性氧水平，具有明显的细胞内抗氧化能力。

表 4-6　蜂胶醇提物的细胞内活性氧清除率（细胞数平均值精确到个位）

蜂胶浓度（mg/ml）	明场下 Hep G2 细胞总数（个）	阳性（绿荧光）细胞总数（个）	清除率（%）
0（空白）	52±1.15	52±2.08	
0.025	52±0.58	44±1.53	15.38
0.05	50±1.00	34±1.73	32.00
0.1	48±1.53	31±1.15	35.42
0.25	39±0.58	24±1.73	38.46
0.5	34±1.15	18±0.58	47.05

细胞内的活性氧可以氧化无荧光的 DCFH 生成有绿色荧光的 DCF。加入抗氧

化剂可以清除细胞内活性氧，使生成的 DCF 减少，即有绿色荧光的细胞数也减少。因而可在荧光倒置显微镜的明场条件下测定细胞总数，并在荧光观察条件下测定被活性氧氧化而发出绿色荧光的细胞数，通过计算二者的比值来判断蜂胶醇提物的抗氧化活性。图 4-11 为各实验组的细胞在明场和荧光模式下观察到的有代表性的照片。空白样品不经蜂胶处理，细胞几乎都被染色（图 4-11a）。由图 4-11b～f 可以看出，经不同浓度的蜂胶醇提物处理后，被染色的细胞有所减少，并且随浓度的增加而减少（$P<0.05$）。表 4-6 的数据显示，蜂胶醇提物有很强的清除细胞内活性氧的能力，随着蜂胶浓度的增加，清除率从 15.38%提高到 47.05%。也就是说，当浓度达到 0.5mg/ml 时，生成的 DCF 减少，有荧光的细胞数减少，几乎有一半的细胞内没有荧光，细胞内活性氧的清除率接近 50%。

（三）抗炎作用

蜂胶乙醇提取物对急慢性炎症都具有很强的抗炎作用。在慢性炎症动物模型中，剂量为 50mg/（kg · 天）或 100mg/（kg · 天）的蜂胶乙醇提取物能够抑制关节炎，并改善由慢性病引起的身体虚弱。在小鼠甩尾实验中，EEP 与乙酰基水杨酸一样具有镇痛作用。对小鼠注射卡拉胶 3～4h 后，200mg/kg 的 EEP 能够明显抑制炎性反应，且 EEP 的乙醚二次提取物能够抑制小鼠后爪水肿（Park and Kahng，1999）。蜂胶水提取物和乙醇提取物对炎症小白鼠和大白鼠都有显著的抗炎作用，能够抑制炎性组织中白介素-6（IL-6）和 NO 水平的增加，但对 IL-2 和干扰素-γ（IFN-γ）水平无显著影响，其抗炎机制可能是抑制了单核巨噬细胞的活化与分化（Hu et al.，2005）。

诸多研究表明，蜂胶发挥抗炎作用的活性成分是酚酸酯类和黄酮类物质。Borrelli 等（2002）对含咖啡酸苯乙酯（CAPE）和不含 CAPE 的蜂胶醇提物做了抗炎实验，并发现含有 CAPE 的蜂胶醇提物能够显著抑制卡拉胶诱发的小鼠水肿、腹膜炎和关节炎，而不含 CAPE 的蜂胶醇提物则没有表现出此类功能。此外，蜂胶中的 CAPE 还能够抑制诱导型 NO 合酶（iNOS）、环氧化物酶-2（COX-2）的活性及其基因表达，抑制 T 细胞中前列腺素-2（PGE2）、IL-2、IL-6、IL-8、TNF-α 基因转录，减少其产生，抑制基质金属蛋白酶-9（MMP-9）的活性（Toyoda et al.，2009）。Marquez 等（2004）通过研究淋巴细胞的核因子-κB（NF-κB）、活化 T 细胞（NFAT）的核因子、激活蛋白-1（AP-1）的 DNA 结合和转录活性揭示了 CAPE 的抗炎机制，其机制为 CAPE 能够抑制 NF-κB 转录活性而不影响细胞质 NF-κB 抑制蛋白的降解。Tan-No 等（2006）分别用蜂胶、NO 合酶抑制剂 L-NAME 和非甾体抗炎药双氯芬酸治疗由卡拉胶引起的老鼠脚肿炎症，研究发现，蜂胶的抗炎机制与 L-NAME 相似，而与双氯芬酸不同，从而证明了蜂胶是通过抑制 NO 生成而发挥抗炎作用的。Naito 等（2007）的研究结果表明，含 5%的蜂胶软膏能够抑制多形核白细胞的迁移，进而有助于增强抗炎效果。Paulino 等（2008）从巴西绿蜂胶中提取出阿替匹林 C，并分别用雌性小鼠体内模型和细胞体外模型研究了其抗炎活性。结果显示，用剂量为 10mg/kg 的阿替匹林 C 对卡拉胶（300μg/爪）诱发后爪水肿的小鼠作用 360min 后，最大抑制率为 38%，减少了由卡拉胶诱发的腹膜炎中的中性粒细胞。剂量为 1mg/kg 和 10mg/kg 的阿替匹林 C 使前列腺素 E2（PGE2）分别降低了 29%和 58%，平均半数抑制剂量（ID_{50}）为 8.5mg/kg。在细胞模型中，阿替匹林 C 减少了巨噬细胞 RAW264.7 中 NO 的产生，平均半数抑制浓度（IC_{50}）为 8.5μmol/L，并降低了 HEK293 细胞中 NF-κB 活性，平均 IC_{50} 为 26μg/ml。这些实验结果均说明蜂胶具有抗炎活性，特别是能够抗急性炎症反应。此外，研究还表明蜂胶能够促进啮齿动物的伤口愈合（Mclennan et al.，2008）。

（四）抗肿瘤作用

蜂胶是否具有抗肿瘤作用一直都是科研工作者研究的热点。目前，国内外已有多项研究表明，在体外实验中，蜂胶对抑制癌细胞的生长具有积极作用。Grunberger 等（1988）阐述了蜂胶中能抑制癌细胞生长的咖啡酸苯乙酯（CAPE）的生理活性，通过细胞培养的方法研究了 CAPE 对人体癌细胞如乳腺癌细胞（MCF-7）和黑色素瘤细胞（SK-MEL-28 和 SK-MEL-170）的作用。研究发现，10μg/ml 的 CAPE 就能够完全抑制 ^3H 标记的胸苷插入到乳腺癌细胞的 DNA 中，研究还发现 CAPE 对黑色素瘤细胞、结肠癌细胞和肾癌细胞的作用更强，但对正常的纤维细胞和生黑色素细胞则无明显作用，这说明 CAPE 抑制细胞生长的作用比转化细胞更有效。Banskota 等（2002）和 Nagaoka 等（2003）从荷兰蜂胶中也分离出 CAPE，并通过实验发现其同样能够抑制癌细胞的增殖和抑制 NO 的产生。

近些年来，巴西蜂胶的抗肿瘤作用正得到越来越广泛的研究。Kimoto 等（1998）从巴西蜂胶中分离出来的阿替匹林 C（3,5-异戊二烯-4-羟基肉桂酸）被发现具有明显的细胞毒性和抑制肿瘤细胞生长的作用。该研究通过四甲基偶氮唑盐（MTT）法、DNA 合成法及体外细胞形态学观察发现，阿替匹林 C 对固体肿瘤和白血病细胞有较强的损伤作用。当人肿瘤细胞被移植到裸鼠后，阿替匹林 C 对恶性肿瘤和恶性黑色素瘤都有显著的细胞毒性。此外，阿替匹林 C 除了能够抑制肿瘤细胞生长外，还能提高 CD4/CD8 T 细胞的比率和辅助性 T 细胞的总数。这些研究结果都表明，阿替匹林 C 能够激活免疫系统，并具有直接的抗肿瘤作用。Luo 等（2001）从巴西蜂胶中分离出另一种具有抗肿瘤作用的物质 2,3-二甲基-8-（3-甲基-2-丁烯基）-苯并哌喃-6-丙烯酸（PM-3），并通过研究发现其能够显著抑制人乳腺癌细胞 MCF-7 的生长，使细胞周期停滞在 G_1 期，降低细胞周期蛋白 D1 和 E 的水平来诱导细胞凋亡，并能降低雌激素受体蛋白的水平和抑制雌激素应答元件启动子的活性。Xuan 等（2011）研究了巴西蜂胶乙醇提取物的抗肿瘤活性，研究将不同浓度的乙醇提取物作用于人脐静脉内皮细胞 24h 后，发现 25μg/ml 和 50μg/ml 的乙醇提取物能诱导细胞凋亡，提高了整合素 β4、p53、活性氧（ROS）和线粒体膜电位水平，而 12.5μg/ml 的提取物降低了整合素 β4、p53、活性氧和线粒体膜电位水平，并认为细胞凋亡的机制与整合素 β4、p53、活性氧和线粒体膜电位水平介导的信号路径有关。

Usia 等（2002）从中国蜂胶中分离出一些抗恶性细胞增殖的化合物，并确定中国蜂胶为杨树型蜂胶。有研究在台湾蜂胶中发现三种物质 propolin A、propolin B、propolin C，其中 propolin A 和 propolin B 是异戊二烯黄酮，能够诱导人黑色素瘤细胞的凋亡和显著抑制腺嘌呤氧化酶的活性。propolin C 对人黑色素瘤细胞具有毒性，能够诱导细胞凋亡，减少 G_2/M 期细胞数目，促使细胞色素 C 由线粒体释放到细胞质中激活线粒体介导的凋亡路径（Chen et al.，2004，2003）。

吴正双等（2010b）研究了蜂胶醇提物对人肝癌细胞 Hep G2 增殖与凋亡的影响。研究采用 MTT 法检测蜂胶醇提物对 Hep G2 细胞增殖的抑制作用，用荧光倒置显微镜和流式细胞仪分析了蜂胶醇提物对 Hep G2 细胞凋亡的影响，实验结果如图 4-12～图 4-14 所示。研究表明，用浓度 12.5～200μg/ml 的蜂胶醇提物作用 24h、48h 后，均能不同程度地抑制 Hep G2 细胞的增殖。由图 4-12 可以看出，蜂胶醇提物对人肝癌细胞 Hep G2 的生长有明显的抑制作用，且抑制作用随着蜂胶醇提物浓度的增大、作用时间的延长而增强，并呈良好的剂量-效应关系。当蜂胶浓度为 200μg/ml 时，其对 Hep G2 细胞的抑制作用达到最大，作用 24h、48h 的抑制率分别是 70.9%、91.30%，半数抑制浓度（IC_{50}）分别是 115μg/ml、78μg/ml。由此推断，蜂胶醇提物可显著抑制人肝癌细胞 Hep G2 的生长，诱导其凋亡。流式细胞仪以 FITC 和 PI 荧光作双参数散点图，细胞分为 4 个区：左上象限 Q1（Annexin V-FITC−，PI+）代表细胞膜几乎不存在的坏死细胞；右上象限 Q2（Annexin V-FITC+，PI+）代表凋亡晚期和死亡细胞；左下象限 Q3（Annexin V-FITC−，PI−）代表正常细胞；右下象限 Q4（Annexin V-FITC+，PI−）代表凋亡早期细胞。由图 4-13、图 4-14 及流式细胞仪生成的数据可以发现，未经蜂胶醇提物处理的细胞，绝大多数为正常细胞，占总细胞数的 96.43%，但也有一定比例的凋亡细胞和坏死细胞，这可能是因为消化细胞时外力导致部分细胞发生机械损伤。蜂胶醇提物处理 Hep G2 细胞 8h 后，Hep G2 细胞凋亡率随着蜂胶醇提物浓度的升高逐渐增加，由 6.36%上升到 21.9%；进入凋亡晚期及死亡的细胞比例也明显增加，由 0.92%提高到 20.82%；同时，正常细胞的比例显著下降，由原来的 96.43%下降到 56.11%，并呈浓度依赖性。经 t 检验，蜂胶醇提物处理组的细胞凋亡率与未处理组（1.87%）相比均有显著性差异（$P<0.01$）。这说明蜂胶醇提物在较低浓度和较短的时间内就可以诱导 Hep G2 细胞的凋亡。

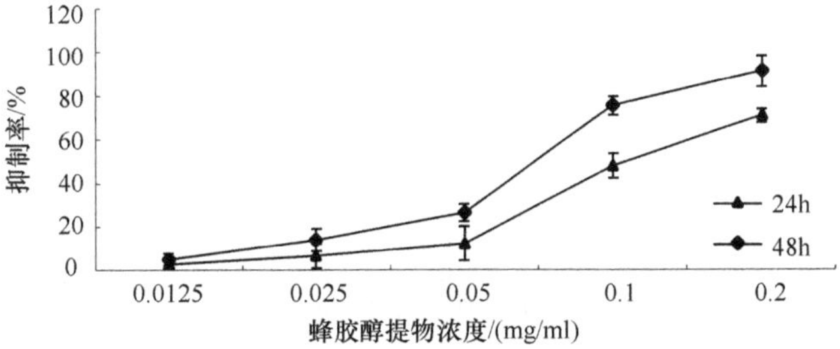

图 4-12　蜂胶醇提物对人肝癌细胞 Hep G2 细胞增殖的抑制作用

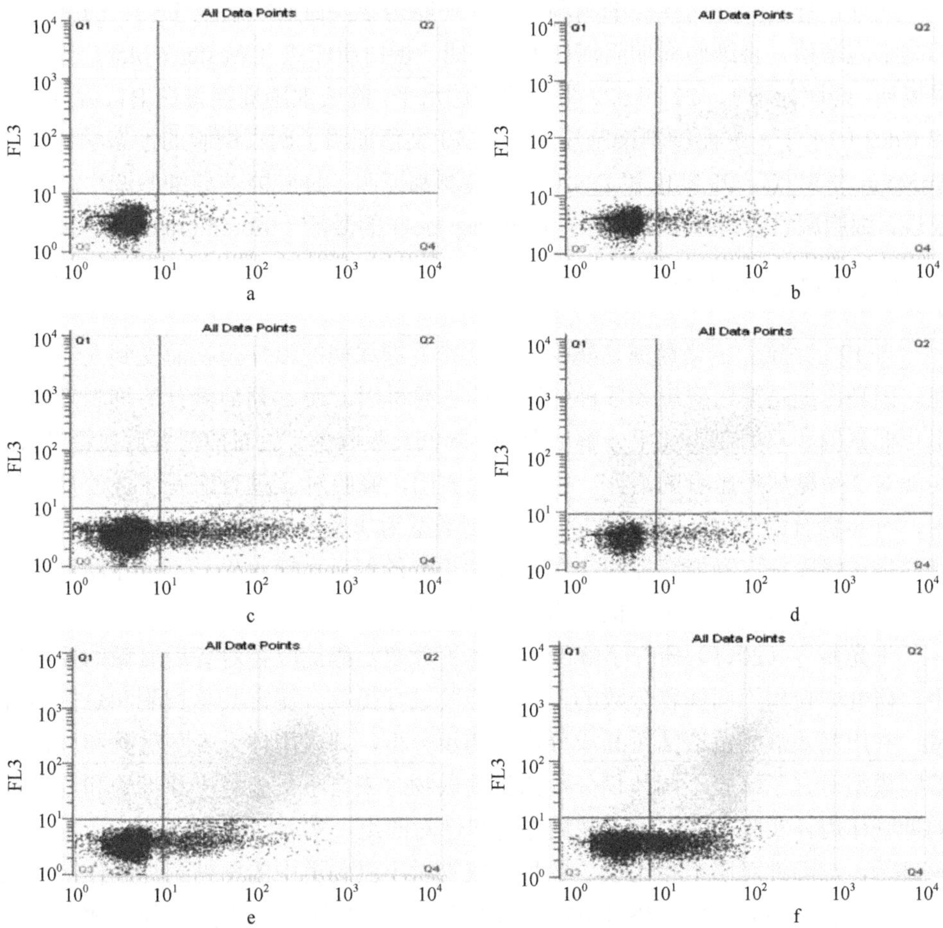

图 4-13　流式细胞仪分析 Hep G2 细胞凋亡的散点图（彩图请扫封底二维码）

a. 为空白组，b～f 分别为 12.5μg/ml、25μg/ml、50μg/ml、100μg/ml、200μg/ml 蜂胶醇提物处理组；

FL1 通道代表 FITC 荧光，FL3 通道代表 PI 荧光

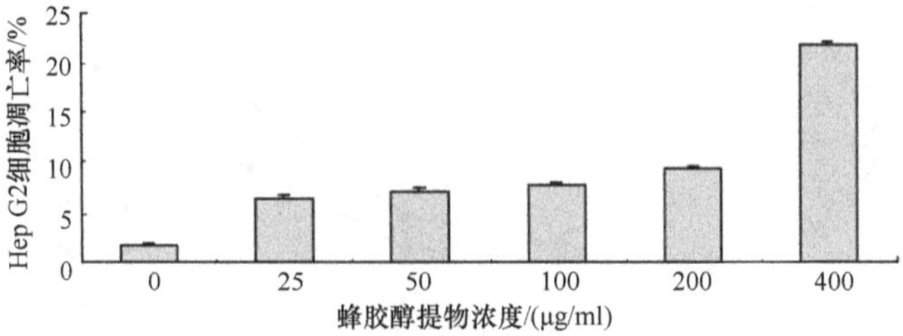

图 4-14　蜂胶醇提物对 Hep G2 细胞凋亡率的影响

此外，蜂胶除能诱导癌细胞凋亡外，还能诱导人白血病细胞 U937 的凋亡，抑制细胞增殖，将细胞周期阻滞在 G_2/M 期。蛋白质印迹（Western blot）分析结果表明，蜂胶能增加 p21 和 p27 蛋白的表达水平，降低细胞周期蛋白 B1、A、Cdk2 和 Cdc2 的水平，进而抑制细胞周期。DAPI 染色证明了凋亡细胞的形态学特征，Annexin V-FITC、PI 染色和 DNA 碎片检测都证明了蜂胶能诱导细胞凋亡。而且发现，细胞凋亡会引起 Bcl-2 的下调和 caspase-3 的激活（Motomura et al.，2008）。

（五）降血糖作用

自 19 世纪起，α-葡萄糖苷酶抑制剂就作为糖尿病的治疗药物而受到人们的关注。因高血糖是糖尿病患者各种并发症的主要诱因，而 α-葡萄糖苷酶抑制剂能够阻止低聚糖和双糖在肠道中分解成单糖，降低其吸收率，从而抑制餐后血糖升高，实现对 2 型糖尿病患者的治疗。相关研究表明，蜂胶对 α-糖苷酶有明显的抑制作用，对 α-糖苷酶的 IC_{50} 为 0.8779，且抑制类型为非竞争性抑制。目前，已有许多研究报道蜂胶提取物能够控制 2 型糖尿病患者的餐后血糖水平，不仅在动物实验水平，且在细胞实验水平上也有相应研究。

王光新等（2011）研究了蜂胶不同体积分数乙醇提取物对餐后血糖的控制作用，研究中使用不同体积分数的乙醇对蜂胶进行提取，测定其总黄酮和总多酚含量，利用高效液相色谱法对其成分进行初步分析，并采用体外麦芽糖酶和蔗糖酶抑制模型研究了蜂胶不同体积分数乙醇提取物对来自小鼠肠道麦芽糖酶和蔗糖酶的抑制作用。实验中使用阿卡波糖作为阳性对照组，实验结果如表 4-7 所示。结果显示，与阳性对照组相比较，各种提取物对小鼠肠道中的蔗糖酶抑制作用效果更好，且存在显著差异（$P<0.05$）。当乙醇体积分数低于 50%的时候，随着乙醇体积分数的增加，提取物对蔗糖酶的半数抑制浓度逐渐增大。而 75%蜂胶乙醇提取物对蔗糖酶的半数抑制浓度达到最小，为（32.30±0.60）μg/ml，之后随着乙醇体积分数的增加未有明显变化。蜂胶水提取物及低体积分数乙醇（＜50%）提取物中主要是水溶性的酚酸类物质，对蔗糖酶抑制起着主要作用。蜂胶水提物和 25% 蜂胶乙醇提取物对于麦芽糖酶的抑制效果较好，其半数抑制浓度分别为

（32.60±0.20）μg/ml 和（44.80±0.30）μg/ml。但与阳性对照组相比，各提取物的作用效果都不如阿卡波糖对麦芽糖酶的抑制效果好。除 75%乙醇提取物外，随着乙醇体积分数增加，提取物对麦芽糖酶的半数抑制浓度变大，对于 75%乙醇提取物特异性可能主要是由其含有最多的黄酮类物质和相对较多的酚酸类物质起到了协同作用所导致。蜂胶水提物和 25%蜂胶乙醇提取物中酚酸类物质含量最大，表明在对麦芽糖酶抑制中酚酸类物质可能起着主要的作用。而黄酮类物质随着乙醇体积分数增加而不断增加，但其对麦芽糖酶作用效果却相对较弱，这可能一方面是由于黄酮类物质在水溶液体系下溶解度较低，另一方面是由于部分黄酮类物质对麦芽糖酶没有抑制作用。综上推测，蜂胶对小鼠肠道中 α-糖苷酶的抑制作用不仅是来自酚酸，也来自黄酮类物质，甚至可能是两者共同作用的结果。

表 4-7　不同体积分数的蜂胶乙醇提取物对小鼠肠道酶的抑制作用

提取物	IC_{50}/（μg/ml）	
	蔗糖酶	麦芽糖酶
水提取物	37.90±0.50a	32.60±0.20a
25%乙醇提取物	40.20±1.00ac	44.80±0.30b
50%乙醇提取物	53.10±1.00acd	100.60±2.90ce
75%乙醇提取物	32.30±0.60ace	71.80±3.00d
95%乙醇提取物	32.90±0.50aceg	102.80±1.50ec
100%乙醇提取物	38.10±0.60acdeg	131.10±1.80f
阿卡波糖（阳性对照）	538.30±26.70b	22.50±0.90g

注：每列中不同小写字母代表本列数据之间有显著性差异（$P<0.05$）

张红城等（2011）对蜂胶对餐后血糖控制机制进行了研究，采用体外 α-葡萄糖苷酶抑制模型研究了蜂胶乙醇提取物对 α-葡萄糖苷酶抑制作用，并采用 Lineweaver-Burk 双倒数法研究了其动力学性质，试验结果如图 4-15～图 4-17 所示。结果表明，蜂胶乙醇提取物对 α-葡萄糖苷酶的半数抑制浓度（IC_{50}）为（0.8260±0.1754）mg/ml，抑制常数（KI）为（0.0265±0.0060）mg/ml。动力学研究表明，蜂胶乙醇提取物对 α-葡萄糖苷酶的作用为典型的非竞争性抑制。由图 4-15 可看出，在蜂胶乙醇提取物质量浓度小于 1.5mg/ml 的时候，随着质量浓度的增加，对 α-葡萄糖苷酶的抑制率增加较快，当质量浓度超过 1.5mg/ml 的时候，抑制增加缓慢。这可能是由于随着蜂胶乙醇提取物量的增加，对 α-葡萄糖苷酶的抑制逐渐达到了饱和。IC_{50} 为（0.8260±0.1754）mg/ml，如果简单地从 IC_{50} 来说，其比泰国一种称为魔鬼树的树叶对 α-葡萄糖苷酶的半数抑制浓度要小，这也就说明蜂胶乙醇提取物对 α-葡萄糖苷酶抑制效果要好于一些天然的 α-葡萄糖苷酶抑制剂。由图 4-16 可知，随着蜂胶乙醇提取物的浓度变大，V_{max} 不断减小。但随着底

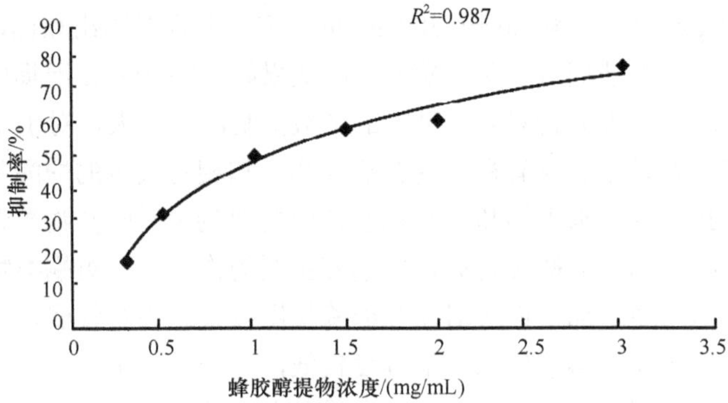

图 4-15　蜂胶乙醇提取物对 α-葡萄糖苷酶的抑制作用

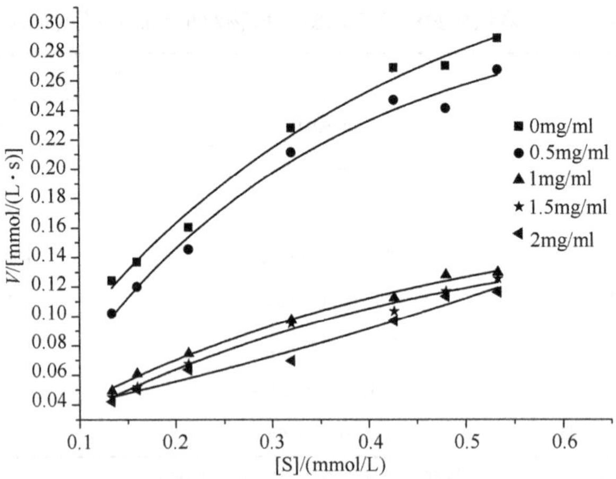

图 4-16　蜂胶乙醇提取物对 α-葡萄糖苷酶的米氏曲线

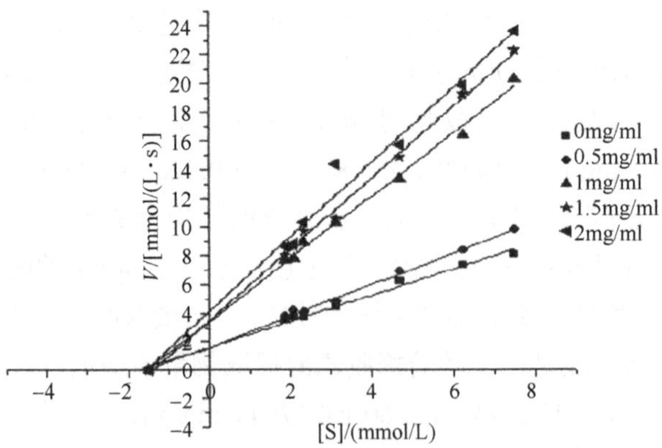

图 4-17　蜂胶乙醇提取物的双倒数抑制曲线

不同底物对硝基苯基-β-D-吡喃半乳糖苷（PNPG）浓度

物浓度的增加，速度的变化趋势并没有改变，这可能是由于蜂胶乙醇提取物和酶结合的位点不是酶的催化中心，而是其他位点，说明蜂胶乙醇提取物对α-葡萄糖苷酶的抑制不是竞争抑制。从图4-17可以看到，不论蜂胶乙醇提取物的浓度如何变化，双倒数曲线在*X*轴的交点几乎都是一点，因此推断蜂胶乙醇提取物对α-葡萄糖苷酶是典型的非竞争性抑制。

现有的α-葡萄糖苷酶抑制剂的降血糖的作用机制表明，抑制剂往往是通过在小肠中和α-葡萄糖苷酶底物竞争性地结合到催化活性位点，来达到减少底物的分解、降低血糖的目的，其作用机制是明显的竞争性抑制。但是这种抑制易受到底物浓度的影响，如果存在高浓度的底物，这种抑制将变得非常小，甚至达不到抑制的效果。因此当使用这些竞争性抑制剂控制餐后血糖时，也同时要求必须控制饮食。而蜂胶乙醇提取物对α-葡萄糖苷酶的抑制是典型的非竞争抑制，可以不受到底物浓度的影响，这比竞争性抑制剂将更加有利于控制糖尿病患者的餐后血糖。

（六）其他功能

Bhadauria 等（2007）通过 CCl_4 急性染毒实验研究了蜂胶对化学性肝损伤大鼠模型的影响。结果显示，经 CCl_4 诱导的肝损伤大鼠连续口服蜂胶的90%乙醇提取物（剂量为200mg/kg）5天后，肝和肾中的脂质过氧化水平下降，功效与已知的保肝药水飞蓟素（剂量为50mg/kg）相当；还能明显降低血清中碱性磷酸酶（ALP）活性，并能明显改善肝组织结构的病理损害情况，同时能增强肝中的超氧化物歧化酶（SOD）和肝谷胱甘肽过氧化物酶（GSH-PX）活性。Banskota 等（2001）发现巴西蜂胶中的酚类化合物和二萜烯酸也具有保肝作用。

蜂胶水提物还有保护视网膜作用（Inokuchi et al.，2006）；蜂胶乙醇提取物和乙醚提取物能够通过激活雌激素受体发挥雌激素的作用等（Yun et al.，2002）。另外，蜂胶还具有防龋齿、杀锥虫、治疗溃疡、降血压、治疗糖尿病和提高机体免疫力等功能。

（七）应用前景

蜂胶作为一种天然的珍贵资源，其中含有大量的黄酮、酚酸及其酯类化合物，具有广泛的生理功能，如抑菌杀菌、抗氧化、抗炎、抗肿瘤、降血脂和血糖、提高免疫力、保肝等，正在被越发广泛地应用在食品、保健品、医药、日用化工等领域，并作为药物收录于《中华人民共和国药典》（2015版）。早在1992年，我国卫生部就已批准蜂胶可用于开发保健食品。此外，日本厚生省批准蜂胶作为食品的天然抗氧化剂。欧美国家的科学人员经多年的调研，讨论并通过了蜂胶作为药物的决定。

二、蜂胶在食品工业中的应用

（一）蜂胶在食品保鲜中的应用

蜂胶是树脂类物质，具有黏性大、成膜性好的特点，将其涂在食品表面可形成一层极薄的膜，能够隔离氧气、隔绝微生物、减少水分蒸发，降低食品的呼吸强度、新陈代谢并减少养分消耗，从而延长食品的保鲜时间，防止其腐败变质。因而蜂胶可被用作开发食品的保鲜膜。雷明霞等将蜂胶浸出液应用于苹果腐烂病的防治，研究发现，其防治效果远强于常用化学药剂苯并咪唑、苯莱托、多菌灵等。汤凤霞等（1999）和乞永艳等（2002）等用蜂胶乙醇提取液对新鲜猪肉进行了保鲜实验、感官及生化检测，结果表明，经蜂胶乙醇提取液处理的新鲜猪肉保藏期明显延长，且高浓度组比低浓度组的效果更为显著。蜂胶作为一种天然的抗氧化剂还可用于香肠的防腐保鲜。将蜂胶乙醇提取液涂在禽蛋表面能够明显提高禽蛋的室温贮藏时间。此外，蜂胶还被应用于延长乳制品的保存期，且保存期随蜂胶加入量的增加而延长。将蜂胶添加到乳制品中，既可发挥其防腐保鲜、抗氧化的作用，又能达到食疗的效果，增大乳制品的利润空间。

（二）蜂胶在油脂工业中的应用

油脂氧化是导致食品变质的重要原因之一，同时该过程还会产生一些具有毒性作用的物质，严重影响食品的质量与安全。目前，食品工业中使用的抗氧化剂多数都是人工合成的，其安全性仍存在争议。而蜂胶作为一种天然的抗氧化剂，既能有效抑制油脂的酸败，推迟过氧化值的升高，又具有抗癌、防衰老、预防心脑血管病等功能，是食品工业中优良的油脂抗氧化剂，其抗氧化性优于天然抗氧化剂茶多酚和人工合成抗氧化剂没食子酸丙酯（PG）、丁基羟基茴香醚（BHA）及 2,6-二叔丁基-4-甲基苯酚（BHT）。

三、蜂胶在日用化工上的应用

蜂胶因具有杀菌、消炎、止痒、除臭等作用，正在被越发普遍地用于开发护肤、洁齿、美容等日化用品。如今市场上的蜂胶日用品已不胜枚举，如蜂胶牙膏、漱口水等对治疗口腔溃疡和口臭有良好效果。蜂胶洗发水、蜂胶沐浴露、蜂胶香皂等产品对皮肤炎症及体癣等也有一定的治疗和缓解作用。除此以外，由于蜂胶中存在着具有特殊香味的萜烯类、芳香酸及酯类物质，因而还可用于制造既香气宜人，又有驱蚊功效的香水或其他化妆品。

参考文献

蔡君, 谭群, 晏家瑛, 等. 2010. 不同提取工艺下蜂胶醇提物的 GC-MS 分析. 现代食品科技, 26(5): 544-550.

曹炜, 尉亚辉. 2002. 蜂产品保健原理与加工技术. 北京: 化学工业出版社: 48-49.

陈滨. 2010. 中国不同地区蜂胶水提物化学组成及生物活性. 南昌大学硕士学位论文.

陈崇羔, 周士雄. 1996. 不同体积分数的乙醇对蜂胶有效成分提取率的影响. 福建农业大学学报, (3): 361-363.

迟家平. 2005. 一种蜂胶组合物、其制备方法及其用途: 中国, CN1600322.

董捷, 张红城, 尹策, 等. 2007. 蜂胶研究的最新进展. 食品科学, 28(9): 637-642.

符军放. 2006. 中国蜂胶中酚类化合物的色谱分析方法研究. 西北大学硕士学位论文.

高振中, 降升平. 2010. 我国不同地区蜂胶乙醇提取物化学成分的分析. 天津科技大学学报, 25(3): 43-46.

谷玉洪, 罗濛, 徐飞, 等. 2006. 超临界 CO_2 提取蜂胶中总黄酮的工艺研究. 中草药, 37(3): 380-382.

杭州蜂之语蜂业股份有限公司. 2011. 用于蜂胶液相指纹图谱真伪鉴别的实物标样的制备方法: 中国, CN101957349.

胡浩, 董捷, 张红城, 等. 2014. 工蜂采集蜂胶的行为观察及胶源植物的研究. 食品科学, 35(15): 54-58.

胡浩, 罗照明, 张红城. 2013. 中国蜂胶化学成分的研究. 中国养蜂学会: 全国蜂产品市场信息交流会暨中国(浦东)蜂业博览会论文集.

李熠. 2008. 我国不同地区蜂胶黄酮类物质差异性分析. 中国农业科学院硕士学位论文.

丽艳. 2008. 中国不同地区蜂胶醇提物化学组成及抗氧化活性. 南昌大学硕士学位论文.

林贤统, 朱威, 胡福良. 2008. 不同溶剂提取蜂胶的得率及其提取物的抗氧化性. 蜜蜂杂志, (7): 3-5.

罗照明, 董捷, 赵亮亮, 等. 2013. 河南蜂胶中多酚类物质成分分析. 食品科学, 34(10): 139-143.

罗照明, 张红城. 2012. 中国蜂胶化学成分及其生物活性的研究. 中国蜂业, 63(6): 55-62.

罗照明. 2013. 中国蜂胶中多酚类化合物的研究. 中国农业科学院硕士学位论文.

牟兰, 曾晞, 王海燕. 2001. 荧光光度法测定蜂胶中黄酮. 光谱实验室, 18(2): 252-254.

南京老山药业股份有限公司. 2009. 蜂胶咀嚼片及生产工艺: 中国, CN102326723.

乞永艳, 骆尚骅, 刘富海. 2002. 蜂胶乙醇提取液对猪肉防腐作用的初步研究. 食品科技, (1): 42-43.

沙娜, 黄慧莲, 张金强, 等. 2009. 蜂胶的 HPLC 指纹图谱研究. 中国药科大学学报, 40(2): 144-146.

汤凤霞, 高飞云, 乔长晟. 1999. 蜂胶对猪肉保鲜效果的初步研究. 农业科学研究, (2): 37-40.

王光新, 董捷, 曾晓雄, 等. 2011. 蜂胶不同浓度乙醇提取物对小鼠肠道麦芽糖酶和蔗糖酶抑制作用. 食品科学, 32(19): 268-272.

王光新. 2011. 北方部分地区蜂胶成分分析及抗糖尿病机理的研究. 南京农业大学硕士学位论文.

王洪伟. 2007. 蜂胶超临界萃取活性成分的研究. 南昌大学硕士学位论文.

王维. 2010. 不同产地蜂胶的质量评价研究. 长春中医药大学硕士学位论文.

王小平, 陈玉芬, 李雅萍, 等. 2007. 蜂胶化学成分的提取方法研究. 现代食品科技, 23(6): 73-77.

王亚群, 任永新. 2007. 蜂胶产品的开发. 中国食物与营养, (3): 20-21.

吴萍. 1995. 蜂胶对微生物抑制作用的试验报告. 蜜蜂杂志, (12): 3-4.

吴正双, 董捷, 张红城, 等. 2010a. 应用细胞模型研究蜂胶醇提物的抗氧化活性. 食品科学, 31(19): 190-193.

吴正双, 董捷, 张红城, 等. 2010b. 蜂胶醇提物对人肝癌细胞 Hep G2 增殖及凋亡的影响. 食品科学, 31(21): 344-348.

吴正双. 2011. 蜂胶提取物中酚类化合物分析及其抗氧化和抗肿瘤活性研究. 华南理工大学硕士学位论文.

徐元君, 罗丽萍, 丽艳, 等. 2010. HPLC 测定两种中国蜂胶醇提物化学组成. 林产化学与工业, 30(2): 61-66.

薛晓丽, 李林. 2009. 紫外-可见分光光度法测定蜂胶胶囊中总黄酮含量的探讨. 吉林农业科技学院学报, 18(2): 4-6.

延莎. 2012. 蜂胶挥发性成分的研究. 中国农业科学院硕士学位论文.

张红城, 孙庆申, 王光新, 等. 2011. 蜂胶乙醇提物对 α-葡萄糖苷酶的抑制作用. 食品科学, 32(5): 108-110.

张红城, 吴正双. 2012. 两种取胶方法对蜂胶提取物组分及其含量影响. 中国养蜂学会: 全国蜂产品市场信息交流会暨中国(浦东)蜂业博览会论文集.

张秀喜. 2009. 蜂胶黄酮的提取及提取物的抑菌、抗氧化活性研究. 合肥工业大学硕士学位论文.

浙江大学. 2005. 纳米蜂胶制品的制备方法: 中国, CN1685928.

浙江江山恒亮蜂产品有限公司. 2012. 一种蜂胶软胶囊内容物及其制备方法: 中国, CN102512456.

曾志将, 樊兆斌, 谢国秀, 等. 2006. 蜂胶 CO_2 超临界萃取研究. 江西农业大学学报, 28(5): 769-771.

Ahn M R, Kumazawa S, Usui Y, et al. 2007. Antioxidant activity and constituents of propolis collected in various areas of China. Food Chemistry, 101: 1383-1392.

Amoros M, Lurton E, Girre L, et al. 1994. Comparison of the anti-herpes simplex virus activities of propolis and 3-methylbut-2-enyl caffeate. Journal of Natural Product, 57(5): 644-647.

Amoros M, Sauvager F, Girre L, et al. 1992. *In vitro* antiviral activity of propolis. Apidologie, 23(3): 231-245.

Bankova V. 2005. Chemical diversity of propolis and the problem of standardization. Journal of Ethnopharmacology, 100(1-2): 114-117.

Banskota A H, Nagaoka T, Sumioka L Y, et al. 2002. Antiproliferative activity of the Netherlands propolis and its active principles in cancer cell lines. Journal of Ethnopharmacology, 80(1): 67-73.

Banskota A H, Tezuka Y, Adnyana I K, et al. 2001. Hepatoprotective and anti-Helicobacter pylori activities of constituents from Brazilian propolis. Phytomedicine, 8(1): 16-23.

Bedascarrasbure E, Maldonado L, Alvarez A. 2004. Preliminary results about method of harvest's effect on the prppolis' content of leda. Honeybee Science, 25(3): 129-131.

Bhadauria M, Nirala S K, Shukla S. 2007. Hepatoprotective efficacy of propolis extract: a biochemical and histopathological approach. Iranian Journal of Pharmacology and Therapeutics, 6(2): 145-154.

Borrelli F, Maffia P, Pinto L, et al. 2002. Phytochemical compounds involved in the anti-inflammatory effect of propolis extract. Fitoterapia, 73(Suppl 1): S53.

Chen C N, Wu C L, Lin J K. 2004. Propolin C from propolis induces apoptosis through activating caspases, Bid and cytochrome C release in human melanoma cells. Biochemical Pharmacology, 67(1): 53-66.

Chen C N, Wu C L, Shy H S, et al. 2003. Cytotoxic prenylflavanones from Taiwanese propolis. Journal of natural products, 66(4): 503.

Dota K F D, Fraia M G I, Bruschi M L, et al. 2010. Antifungal activity of Brazilian propolis microparticles against yeasts isolated from Vaginal Exudates. The Journal of Alternative and Complementary Medicine, 16(3): 285-290.

Drago L, De Vecchi E, Nicola L, et al. 2007. *In vitro* antimicrobial activity of novel propolis formulation (Actichelated propolis). Journal of Applied Microbiology, 103(5): 1914-1921.

Gardana C, Scaglianti M, Pietta P, et al. 2007. Analysis of the polyphenolic fraction of propolis from different sources by liquid chromatography-tandem mass spectrometry. Journal of Pharmaceutical & Biomedical Analysis, 45(3): 390-399.

Gekker G, Hu S X, Marla S, et al. 2005. Anti-HIV-1 activity of propolis in $CD4^+$ lymphocyte and microglial cell cultures. Journal of Ethnopharmacology, 102(2): 158-163.

Ghedira K, Goetz P, Jeune R. 2009. Propolis. Phytotherapie, 7(2): 100-105.

GómezRomero M, ArráezRomán D, MorenoTorres R, et al. 2015. Antioxidant compounds of propolis determined by capillary electrophoresis-mass spectrometry. Journal of Separation Science, 30(4): 595-603.

Grunberger D, Banerjee R, Eisinger K, et al. 1988. Preferential cytotoxicity on tumor cells by caffeic acid phenethyl ester isolated from propolis. Experientia, 44(3): 230-232.

Hu F, Hepburn H R, Li Y, et al. 2005. Effects of ethanol and water extracts of propolis (bee glue) on acute inflammatory animal models. Journal of Ethnopharmacology, 100(3): 276-283.

Inokuchi Y, Shimazawa M, Nakajima Y, et al. 2006. Brazilian green propolis protects against retinal damage *in vitro* and *in vivo*. Evidence-Based Complementary and Alternative Medicine, 3(1): 71-77.

Ito J, Chang F R, Wang H K, et al. 2001. Anti-AIDS agents. 48. (1) Anti-HIV activity of moronic acid derivatives and the new melliferone-related triterpenoid isolated from Brazilian propolis. Journal of Natural Products, 64(10): 1278-1281.

Kimoto T, Arai S, Kohguchi M, et al. 1998. Apoptosis and suppression of tumor growth by artepillin C extracted from Brazilian propolis. Cancer Detection and Prevention, 22(6): 506-515.

Koc A N, Silici S, Ayangil D, et al. 2005. Comparison of *in vitro* activities of antifungal drugs and ethanolic extract of propolis against *Trichophyton rubrum* and *T. mentagrophytes* by using a microdilution assay. Mycoses, 48(3): 205-210.

Korua O, Toksoyb F, Acilkel C H, et al. 2007. *In vitro* antimicrobial activity of propolis samples from different geographical origins against certain oral pathogens. Anaerobe, 13 (3-4): 140-145.

Kosalec I, Bakmaz M, Pepeljnjak S. 2003. Analysis of propolis from the continental and Adriatic regions of Croatia. Acta Pharmaceutica, 53(4): 275-285.

Kumazawa S, Hamasaka T, Nakayama T. 2004. Antioxidant activity of propolis of various geographic origins. Food Chemistry, 84(3): 329-339.

Lee Y N, Chen C R, Yang H L, et al. 2007. Isolation and purification of 3, 5-diprenyl-4-hydroxycinnamic acid (artepillin C) in Brazilian propolis by supercritical fluid extractions. Separation & Purification Technology, 54(1): 130-138.

Luo J, Soh J W, Xing W Q, et al. 2001. PM-3, a benzo-gamma-pyran derivative isolated from propolis, inhabits growth of MCF-7 human breast cancer cells. Anticancer Research, 21(3): 1665-1671.

Marquez N, Sancho R, Macho A, et al. 2004. Caffeic acid phenethyl ester inhibits T-cell activation by targeting both nuclear factor of activated T-cells and NF-κB transcription factors. The Journal of Pharmacology and Experimental Therapeutics, 308(3): 993-1001.

Mclennan S V, Bonner J, Milne S, et al. 2008. The anti-inflammatory agent propolis improves wound healing in a rodent model of experimental diabetes. Wound Repair Regeneration, 16(5): 706-713.

Motomura M, Kwon K M, Suh S J, et al. 2008. Propolis induces cell cycle arrest and apoptosis in human leukemic U937 cells through Bcl-2/Bax regulation. Environmental Toxicology &Pharmacology, 26(1): 61-67.

Nagai T, Inoue R, Inoue H, et al. 2003. Preparation and antioxidant properties of water extract of propolis. Food Chemistry, 80(1): 29-33.

Nagaoka T, Banskota A H, Tezuka Y, et al. 2003. Caffeic acid phenethyl ester (CAPE) analogues: potent nitric oxide inhibitor from the Netherlands propolis. Biological and Pharmaceutical Bulletin, 26(4): 487-491.

Naito Y, Yasumuro M, Kondou K, et al. 2007. Antiinflammatory effect of topocally applied propolis extract in carrageenan-induced rat hind paw edema. Phytotheraphy Research, 21(5): 452-456.

Oliveira A C P, Shinobu C S, Longhini R, et al. 2006. Antifungal activity of propolis extract against yeasts isolated from onychomycosis lesions. Memorias do Instituto Oswaldo Cruz, 101(5): 493-497.

Ozcan M. 2004. Inhibition of *Aspergillus parasiticus* by pollen and propolis extracts. Journal of Medical Food, 7(1): 114-116.

Paolo T. 2009. High-efficiency procedure for preparing standarized hydroalcoholic propolis extract: EP, EP2070543.

Papotti G, Bertelli D, Plessi M, et al. 2010. Use of HR-NMR to classify propolis obtained using different harvesting methods. International Journal of Food Science and Technology, 45(8): 1610-1618.

Park E H, Kahng J H. 1999. Suppressive effects of propolis in rat adjuvant arthritis. Archives of Pharmacal Research, 22(6): 554-558.

Paulino N, Abreu S R L, Uto Y, et al. 2008. Anti-inflammatory effects of a bioavailable compound, Artepillin C, in Brazilian propolis. European Journal of Pharmacology, 587(1-3): 296-301.

Pellati F, Orlandini G, Pinetti D, et al. 2011. HPLC-DAD and HPLC-ESI-MS/MS methods for metabolite profiling of propolis extracts. Journal of Pharmaceutical & Biomedical Analysis, 55(5): 934.

Popova M P, Bankova V S, Bogdanov S, et al. 2007. Chemical characteristics of poplar type propolis of different geographic origin. Apidologie, 38(3): 306-311.

Popova M P, Graikou K, Chinou I, et al. 2010. GC-MS profiling of diterpene compounds in Mediterranean propolis from Greece. Journal of Agricultural & Food Chemistry, 58(5): 3167.

Popova M, Bankova V, Naydensky C H, et al. 2004. Comparative study of the biological activity of propolis from different geographic origin: a statistical approach. Macedonian Pharmaceutical Bulletin, 50: 9-14.

Popravko S A, Sokolov I V. 1976. Plant sources of propolis. Pchelovodstvo: 28-29.

Rodrigo S, Helenateixeira G. 2009. Antioxidant activity index (AAI) by the 2, 2-diphenyl-1-picrylhydrazyl method. Food Chemistry, 112(3): 654-658.

Russo A, Longo R, Vanella A. 2002. Antioxidant activity of propolis: role of caffeic acid phenethyl ester and galangin. Fitoterapia, 73(11): S21-S29.

Sales A, Alvarez A, Rodriguez A M, et al. 2006. The effect of different propolis harvest methods on its lead contents determined by ET AAS and UV-visS. Journal of Hazardous Materials, 137(3): 1352-1356.

Santos F A, Bastos E M A, Uzeda M. 2002. Anti-bacterial activity of Brazilian propolis and fractions against oral anaero biobacteria. Journal of Ethnopharmacology, 80(1): 1-7.

Serkedjieva J, Manolova N, Bankova V. 1992. Antiinfluenza virus effect of some propolis constituents and their analogues (esters of substituted cinnamic acids). Journal of Natural Product, 55(3): 294-297.

Sforcin J M, Jr F A, Lopes C A, et al. 2000. Seasonal effect on Brazilian propolis antibacterial activity. Journal of Ethnopharmacology, 73(1-2): 243-249.

Sha N, Guan S H, Lu Z Q, et al. 2009. Cytotoxic constituents of chinese propolis. Journal of Natural Products, 72(4): 799.

Shi H, Yang H, Zhang X, et al. 2012. Identification and quantification of phytochemical composition and anti-inflammatory and radical scavenging properties of methanolic extracts of Chinese propolis. Journal of Agricultural & Food Chemistry, 60(50): 12403.

Shigenori K, Tomoko H, Tsutomu N. 2004. Antioxidant activity of propolis of various geographic origins. Food Chemistry, 84(3): 329-339.

Shimizu T, Hino A, Tsutsumi A, et al. 2008. Anti-influenza virus activity of propolis *in vitro* and its efficacy against influenza infection in mice. Antiviral Chemistry and Chemotherapy, 19(1): 7-13.

Silici S, Kutluca S. 2005. Chemical composition and antibacterial activity of propolis collected by three different races of honeybees in the same region. Journal of Ethnopharmacology, 99(1): 69-73.

Silici S, Unlu M, Vardar-Unlu G. 2007. Antibacterial activity and phytochemical evidence for the plant origin of Turkish propolis from different regions. World Journal of Microbiology and Biotechnology, 23(12): 1797-1803.

Simone F M, Spivak M. 2010. Propolis and bee health: the natural history and significance of resin use by honey bees. Apidologie, 41(3): 295-311.

Tan-No K, Nakajiman T, Shoji T, et al. 2006. Anti-inflammatory effect of propolis through inhibition of nitric oxide production on carrageenin-induced mouse paw edema. Biological and Pharmaceutical Bulletin, 29(1): 96-99.

Teixeira E W, Dejair M, Negri G, et al. 2010. Seasonal variation, chemical composition and antioxidant activity of Brazilian propolis samples. Evidence-Based Complementary and Alternative Medicine, 7(3): 307-315.

Ting L U, Ccyu J, Li Y, et al. 2006. Rapid analysis for flavonoids in bee propolis by capillary electrophoresis. Food Science, 27(8): 208-213.

Toyoda T, Tsukamoto T, Takasu S, et al. 2009. Anti-inflammatory effects of caffeic acid phenethyl ester (CAPE), a nuclear factor-kappaB inhibitor, on Helicobacter pylori-induced gastritis in Mongolian gerbils. International Journal of Cancer, 125(8): 1786.

Usia T, Banskota A H, Tezuka Y, et al. 2002. Constituents of Chinese propolis and their antiproliferative activities. Journal of Natural Products, 65(5): 673-676.

Volpert R, Elstner E F. 1993. Biochemical activities of propolis extracts. I. Standardization and antioxidative properties of ethanolic and aqueous derivatives. Zeitschrift Für Naturforschung C, 48(11-12): 851-857.

Volpi N, Bergonzini G. 2006. Analysis of flavonoids from propolis by on-line HPLC-electrospray mass spectrometry. Journal of Pharmaceutical & Biomedical Analysis, 42(3): 354.

Volpi N. 2004. Separation of flavonoids and phenolic acids from propolis by capillary zone electrophoresis. Electrophoresis, 25(12): 1872-1878.

Wollenweber E, Asakawa Y, Schillo D, et al. 1987. A novel caffeic acid derivative and other constituents of populus bud excretion and propolis bee-glue. Zeitschrift Naturforschung C: A

Journal of Biosciences, 42(9-10): 1030-1034.

Wu W M, Lu L, Long Y, et al. 2007. Free radical scavenging and antioxidative activities of caffeic acid phenethyl ester (CAPE) and its related compounds in solution and membranes: A structure-activity insight. Food Chemistry, 105(1): 107-115.

Xuan H Z, Zhao J, Miao J Y, et al. 2011. Effect of Brazilian propolis on human umbilical vein endothelial cell apoptosis. Food and Chemical Toxicology, 49(1): 78-85.

Yang H, Dong Y, Du H, et al. 2011. Antioxidant compounds from propolis collected in Anhui, China. Molecules, 16(4): 3444-3455.

Yun S S, Jin C, Jung K J, et al. 2002. Estrogenic effects of ethanol and ether extracts of propolis. Journal of Ethnopharmacology, 82(2-3): 89-95.

第五章　蜂花粉的加工与应用

第一节　蜂花粉的生产

一、蜂花粉简介

花粉（pollen）是高等植物雄性生殖器官——雄蕊花药中产生的生殖细胞，其个体称为花粉粒。蜂花粉（bee pollen）是蜜蜂从被子植物雄蕊和裸子植物小孢子叶上的小孢子囊内采集的花粉粒，经蜜蜂向其内部加入花蜜和分泌物混合成的不规则扁圆形、上面带有蜜蜂后肢嵌挟痕迹的团状物。蜂花粉是自然界赋予人类的优质营养源，具有低脂肪、高蛋白质的特点，常被称为“微型营养库”和“完全营养素”，是21世纪新型的营养源和保健食品。

我国是应用蜂花粉较早的国家，在2000多年前的《神农本草经》中就有对一种香蒲蜂花粉功效描述的记载：“味甘平，消瘀，止血，聪耳明目”。唐代李商隐《酬崔八早梅有赠兼示之作》中有：“何处拂胸资蝶粉，几时涂额藉蜂黄”，说明1100年前蜂花粉就已被用于美容。《山堂肆考·饮食·卷二》记载唐代女皇武则天延年益寿、健美增艳方，其令人“四方采集百花花粉，加米兑醋，密封放半秋，晾干与炒米并研，压制成糕，名曰花粉糕”，不仅供自己享受，也赐予君臣共享。唐代《酒小史》中记载苏轼“松花酒制造方法”：“松花粉两升，用绢囊裹入酒五升，浸五日，每次服饮三合”。清代《红楼梦》中薛宝钗的“冷香丸”也以花粉为原料做成。孟郊中年时患头晕健忘症，医药无效，服食蜂花粉得治愈，写下《济源寒食》，其中一句是“蜜蜂辛苦踏花来，抛却黄糜一瓷碗”，其中的“黄糜”就是蜜蜂采集的油菜花粉。

在国外也有许多使用蜂花粉产品美容的传说和记载。相传希腊女神希格拉底搜集向日葵蜂花粉搽皮肤保持美丽的容貌，饮用向日葵花浸泡的蜜酒获得健康。美洲的古老居民印第安人栽种玉米为食，并收集玉米蜂花粉制作营养美味的花粉汤。在古罗马，蜂花粉属于“神的食品”，被称为“青春与健康的源泉”。

近些年，许多国家都开始关注蜂花粉的应用。日本将其用作营养品，瑞典将其用于美容，法国将其作为抗衰老和延年益寿的保健食品。在我国，对蜂花粉的开发和利用正日趋广泛，相关领域包括食品、饮品、保健品和化妆品等。

二、花粉粒的结构

不同植物花粉粒的形状各不相同，主要有球形、近球形、扁球形、椭圆形、三角形等，直径一般为15～50μm，最小的勿忘草花粉粒直径只有10μm，最大的南瓜花粉粒直径可达200μm。一个完整成熟的花粉粒由外至内大体可分为4部分，分别是花粉覆盖物、花粉壁、萌发孔和原生质（亦称内含物，花粉的主要营养物质）（Heslop-Harrison，1987，1975）。

（一）花粉覆盖物

成熟花粉粒的外表面有覆盖物，通常称为花粉鞘或含油层。花粉覆盖物（pollen coat）的结构与花粉传递的方式相适应。利用昆虫传粉的，花粉粒具有丰富的花粉覆盖物。相反，由风传粉的，花粉粒常具有少量的覆盖物，但它们的性质基本相同，主要成分为脂类、类胡萝卜素和一些蛋白质。

花粉覆盖物具有一定的生物学功能，推测其包括以下几个方面：①花粉覆盖物所含的色素、脂类及其黏性，使花粉有着色（从黄到橙黄）、带来香味和吸引昆虫探访的作用。色素可以保护花粉避免紫外光辐射损伤及防止病原菌侵染，黏性可以在花粉释放后保护其细胞免于过度脱水和使其便于粘在昆虫体上。②花粉覆盖物所含的蛋白质涉及附着、信号传送及花粉与柱头的亲和性识别作用。③花粉覆盖物所含的脂类和蛋白质对于传粉后启动水合作用是必需的。

（二）花粉壁

成熟的花粉壁可分为两层，即外壁和内壁。外壁的主要成分为孢粉素，是类胡萝卜素和胡萝卜素酯的氧化多聚化的衍生物，坚固，具有耐酸、耐碱、耐腐蚀和抗生物分解的特性，此外还含有纤维素、角质、花粉素等。内壁的主要成分为蛋白质、纤维素和果胶等，具有弹性，较薄，抗性较差。

（三）萌发孔

萌发孔是花粉萌发时萌发管伸出的地方。成熟花粉粒的壁上有萌发孔，这是当外壁形成时形成的开口，通常长的称为沟，短的称为孔。因此，萌发孔处只有内壁而缺少外壁。同时，该处也是花粉易受环境影响的部位，它是花粉脱水和水合过程中水进出的主要场所。

三、花粉的分类

（一）风媒花粉

风媒花粉是指借助风力传粉的植物花粉，这种花粉的特点是花粉粒较小、质量轻、数量多，花粉外壁光滑。风媒花的特征是花小、不鲜明、花被退化或消失，一般无香气和蜜腺。风媒植物约占有花植物种类的 1/5，如木本植物中的松、柏、榛、栎、杉、杨等，草本植物中的玉米、高粱、水稻、蔓草、车前等，都属于风媒植物。

（二）虫媒花粉

虫媒花粉是指以昆虫为媒介传粉的植物花粉，这种花粉的特点为花粉粒较大、质量重，花粉外壁有突起或黏质，有的还带有小刺，易粘附在昆虫上。虫媒花的特征是花大或有集中成簇的花序、花被发达、颜色鲜明、有香气和蜜腺。我们日常见到的花大多为虫媒花，五颜六色、招蜂引蝶，如果树中的桃、李、杏、梨、苹果、柑橘等，农作物中的油菜、荞麦、甘薯、空心菜、豆类等，还有木本植物中的刺槐、乌桕等。

蜜蜂采集的花粉大部分是虫媒花粉，但也采集少数的风媒花粉，如松、柳及玉米、水稻等的花粉。

四、蜂花粉的收集

1930 年，美国的埃克特首先发明和使用花粉截留器（脱粉器）来收集蜜蜂采回的花粉团，后经不断改进和发展，现已在世界各地推广并使用。一般可将其分为巢门脱粉器和箱底脱粉器两种类型。

（一）巢门脱粉器

巢门脱粉器是一种放置在巢箱进出口处的花粉采集器，可以用木、竹、硬纸、铁片等钻孔或注塑成型，也可用铁丝编孔等简易方法制成。中国农业科学院蜜蜂研究所研制成功的 FJ-3 型全塑脱粉器（图 5-1），采用组装式，体积小，外壳高度 55mm。不用时拆开，可缩小近 1/2 的体积。根据蜜蜂清巢特点，脱粉器的集粉盒分两个格，干净的花粉占一个格，蜜蜂清巢的杂质集中在另一个格内。

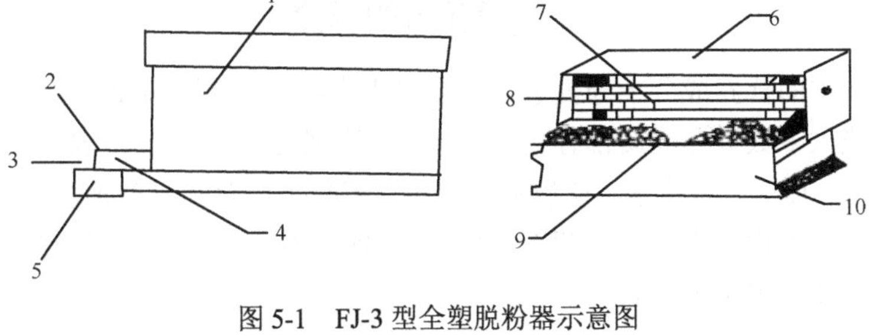

图 5-1　FJ-3 型全塑脱粉器示意图

1. 蜂箱；2. 脱粉孔板位置；3. 蜜蜂进出方向；4. 脱粉副板位置；5. 脱粉器；6. 外壳；7. 脱粉孔板；8. 脱蜂器；9. 落粉板；10. 集粉盒

（二）箱底脱粉器

箱底脱粉器是一种放置于巢箱下面的脱粉器，其外形尺寸与巢箱外围相同，高度55mm，有三层纱网，其外壳均用0.5mm的马口铁皮包边，以便于取出、推入和维修。图 5-2 是箱底脱粉器的示意图，结构包括箱盖、副盖、箱体、巢框、活底板和一个箱底蜂花粉收集器。被脱下的蜂花粉，如大量堆积在盘内，有时会影响蜜蜂出入，或被蜜蜂踩碎、扒出。另外，集粉盘内积粉太多，因温度、湿度较高，也可能导致霉变，故应及时将其倒出。采用箱底脱粉器，要在白天及时收集，不可过夜，否则很可能会在第二天发现蜂花粉已变成一堆糊状物，不但弄脏了集粉盘，增加不必要的麻烦，还会使花粉失去团粒结构。收集到的蜂花粉应及时进行干燥处理，并注意妥善保管。采集蜂花粉应选择晴朗无风的天气，以免污染花粉，如混入了砂粒和灰尘则很难除去。

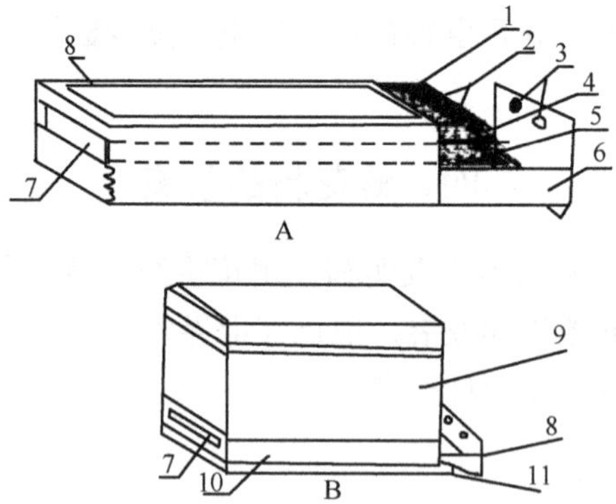

图 5-2　箱底脱粉器示意图

A. 箱底脱粉器构造；B. 脱粉器与巢箱连接

1. 可拉出、推入的 5 目纱网；2. 雄蜂内出口；3. 雄蜂外出口；4. 可拉出、推入的 5 目纱网；5. 7～8 目纱网；6. 可拉出、推入的集粉盘；7. 采集蜂入口；8. 脱粉器上的空心枢；9. 巢箱；10. 脱粉器；11. 翻面活动底板

第二节　蜂花粉的加工

一、蜂花粉的成分

蜂花粉中的营养成分十分复杂，且含量丰富，至今已发现 200 余种成分。蜂花粉中的绝大多数营养物质都存在于细胞内部的原生质中，包括水分、蛋白质、碳水化合物、脂类、维生素、矿物质、酶类、黄酮类化合物等多种功能营养物质，因而蜂花粉被人们称为“完全营养品”“全能的营养库”和“浓缩的维生素”。蜂花粉的主要成分参见表 5-1。

表 5-1 蜂花粉的成分构成

主要成分	含量/（g/100g）	建议每日摄取量/（g/天）
碳水化合物（果糖、葡萄糖、蔗糖、纤维素）	13～15	320
粗纤维	0.3～20	30
蛋白质	10～40	50
脂肪	1～13	80

（一）蛋白质

蜂花粉中含有丰富的蛋白质，以及迄今发现的自然界中全部 22 种游离氨基酸中的 20 种，其蛋白质含量一般为 7.5%～35%（平均大于 20%），且构成蛋白质的氨基酸种类多样、比例合理，游离氨基酸含量占 1%～2%，且包含人体必需的 8 种氨基酸。蜂花粉是一种氨基酸浓缩物，所含有的必需氨基酸的含量比牛肉、鸡蛋等多 3～5 倍（Auclair and Jamieson，1948）。

酶是影响细胞代谢的重要物质，当对摄入体内的营养成分进行分解、合成时，酶起到催化作用，其被称为生物催化剂。在食品中的酶标志着食品的保存状态，其含量的多少和活性的高低可以反映出食品的新鲜程度。蜂花粉中的酶类完全是天然的，保存着酶类的活力。蜂花粉中含有大量的酶类，据不完全统计有 80 种以上，主要为水解酶或转化酶，如淀粉酶、脂肪酶、蛋白酶、果胶酶、纤维素酶等，这些酶类对于人体抗衰老、抗氧化都有重要意义。

Stanley 和 Linskens（1974）在 *Pollen* 一书中总结了众多学者的研究成果，在花粉中共发现有 104 种酶，分属于氧化还原酶（oxidoreductase）、转移酶（transferase）、水解酶（hydrolase）、裂解酶（lyase）、异构酶（isomerase）和连接酶（ligase）6 个类别。其中，氧化还原酶类有 30 种，包括醇脱氢酶、谷氨酸脱氢酶、L-氨基酸氧化酶、乳酸脱氢酶、细胞色素氧化酶、抗坏血酸氧化酶等。转移酶类 22 种，包括 *p*-酶麦芽糖-4-葡萄基转移酶、麦芽糖转葡糖基酶、天冬氨酸氨基转移酶等，花粉中许多转移酶还有把葡萄糖聚合成纤维素和果胶质的作用。水解酶类 33 种，主要为羧酸酯酶、芳香基酶、酯酶、角质酶、磷酸二酯酶、脱氧核糖核酸酶、α-淀粉酶、纤维素酶、氨肽酶、胃蛋白酶、胰蛋白酶等，这类酶在花粉中被大量发现。裂解酶类 11 种，有丙酮酸脱羧酶、草酰乙酸脱羧酶、丙酮酸脱羧酶、苯丙氨酸脱氨基酶等。异构酶类 5 种，分别是尿苷二磷酸葡萄糖异构酶、阿拉伯糖异构酶、木糖异构酶、磷酸核糖异构酶和磷酸葡萄糖异构酶。在花粉中，这类酶的种类虽少，却是花粉中最活跃的酶，它们在碳水化合物和碳水化合物衍生物的代谢中发挥催化剂的作用。另外，还有少数连接酶类，主要是羧化酶、叶酸连接酶、D-葡萄糖-6-磷酸-环化缩醛酶（NAD^+）。这类酶在花粉中的活性尚未研究清楚。连接酶常被称为合酶，是催化两个分子结合，同时放出 ATP、GTP 或类似的三磷酸中的焦磷酸。

蜂花粉在收集、干燥、贮存和加工过程中，如处理不当，其所含的酶类及其他成分可能会被破坏，营养价值将大大降低。因此，在评定蜂花粉的质量时，酶活性是一个重要的指标。关于蜂花粉的酶测定方面，已有很多相关研究报道。早在 1988 年，袁洪生等（1988）就对油菜、向日葵等 5 种蜂花粉中的脂肪酶、α-淀粉酶、乳酸脱氢酶、淀粉酶、糖化型淀粉酶、蔗糖酶、果胶酶及蛋白酶进行了定量测定，用以研究各蜂花粉的营养价值。近年来研究较多的是超氧化物歧化酶（SOD），闵丽娥和刘克武（2000）及苏松坤等（1999）分别用邻苯三酚自氧化法和氮蓝四唑（NBT）法对蜂花粉中的 SOD 进行了测定。通过研究测定蜂花粉中的 SOD 活性，可进一步加深对花粉抗衰老作用机制的研究和理解。

张红城等（2009a）对 6 种蜂花粉中 5 种较典型的酶进行了活性测定，通过分析其含量可为以后蜂花粉的加工贮藏提供参考依据（结果详见表 5-2～表 5-6）。如表 5-2 所示，过氧化氢酶比活力由高到低为杏花＞桃花＞向日葵＞荷花＞拉拉秧＞油菜。对于以过氧化氢酶活力高低作为检验蜂花粉新鲜度的依据，通过本实验可发现，过氧化氢酶对于蜂花粉的采集、贮藏和加工有较高要求，新鲜油菜蜂花粉过氧化氢酶活力为 0U/mg，因而不能单用此指标来表示其新鲜程度。笔者认为对国家标准来说，这不得不说是一个很大的遗漏。如表 5-3 所示，过氧化物酶比活力由高到低依次为杏花＞油菜＞桃花＞荷花＞向日葵＞拉拉秧。本实验中，过氧化氢酶比活力为 0U/mg 的油菜蜂花粉却表现出很好的过氧化物酶活力，而拉拉秧中过氧化物酶比活力为 0U/mg，更说明了单纯用过氧化氢酶活力已不能充分证明花粉的新鲜度。如表 5-4 所示，超氧化物歧化酶比活力由高到低依次为杏花＞桃花＞拉拉秧＞向日葵＞油菜＞荷花。目前有关蜂产品中 SOD 酶的研究较多，通过本实验中超氧化物歧化酶酶活力的测定可以为以后蜂花粉的抗衰老研究提供依据，由于超氧化物歧化酶对温度较敏感，通过测定加工前后其酶活的变化也可判断其损失程度。如表 5-5 所示，苯丙氨酸裂解酶比活力由高到低依次为杏花＞油菜＞拉拉秧＞向日葵＞桃花＞荷花。此外，该项研究还对杏花、荷花、茶花、向日葵、油菜、荞麦 6 种蜂花粉中多酚和黄酮类物质进行了含量测定和抗氧化研究。结果显示，这 6 种蜂花粉的多酚含量，杏花＞油菜＞茶花＞向日葵＞荞麦＞荷花。经对比可发现，通过测定蜂花粉中苯丙氨酸裂解酶的活力，可间接判断其多酚和黄酮类物质的含量，且苯丙氨酸裂解酶的适应温度比较广，对高温有一定的耐受性。因而，作者认为将其作为花粉加工损失程度的参考指标是有一定的实际意义的。如表 5-6 所示，脂肪氧合酶的比活力由高到低依次为杏花＞向日葵＞桃花＞拉拉秧＞油菜＞荷花。结果显示，这 6 种花粉的脂肪氧合酶均有活性（荷花花粉是经过加工的成品），可见脂肪氧合酶对于温度、pH 等具有很好的耐受性，且检测脂肪氧合酶活性的分光光度法操作简便，准确度较高。因此，作者表示考虑将脂肪氧合酶作为花粉新鲜度的指标是具有一定意义的。

表 5-2　6 种蜂花粉过氧化氢酶活力及比活力

蜂花粉	酶活力/U	比活力/（U/mg）
杏花粉	13.87±1.33	22.69±2.17a
桃花粉	7.22±0.49	3.86±0.26b
向日葵花粉	0.37±0.02	0.43±0.03c
荷花粉	0.46±0.03	0.06±0.00c
拉拉秧花粉	2.50±0.18	0.03±0.00c
油菜花粉	0.00±0.00	0.00±0.00c

注：不同小写字母代表本列数据之间有显著性差异（$P<0.05$）

表 5-3　6 种蜂花粉过氧化物酶活力及比活力

蜂花粉	酶活力/U	比活力/（U/mg）
杏花粉	8.83±0.19	1.44±0.03a
油菜花粉	16.00±1.63	1.06±0.11b
桃花粉	4.27±0.50	0.23±0.03c
荷花粉	15.00±4.08	0.20±0.05c
向日葵花粉	1.21±0.19	0.15±0.02cd
拉拉秧花粉	0.00±0.00	0.00±0.00d

注：不同小写字母代表本列数据之间有显著性差异（$P<0.05$）

表 5-4　6 种蜂花粉超氧化物歧化酶活力及比活力

蜂花粉	酶活力/U	比活力/（U/mg）
杏花粉	3838.09±46.46	627.78±7.60a
桃花粉	4390.18±23.47	234.52±1.25b
拉拉秧花粉	1300.95±132.24	184.88±18.79c
向日葵花粉	1191.05±116.66	149.05±14.60d
油菜花粉	806.43±3.27	53.55±0.22e
荷花粉	718.57±10.00	9.63±0.13f

注：不同小写字母代表本列数据之间有显著性差异（$P<0.05$）

表 5-5　6 种蜂花粉苯丙氨酸裂解酶活力及比活力

蜂花粉	酶活力/U	比活力/（U/mg）
杏花粉	326.67±50.33	53.43±8.23a
油菜花粉	660.00±20.00	43.83±1.33a
拉拉秧花粉	156.67±15.28	22.26±2.17b
向日葵花粉	153.33±5.77	19.19±0.72b
桃花粉	200.00±0.00	10.68±0.00bc
荷花粉	203.33±7.07	2.72±0.09c

注：不同小写字母代表本列数据之间有显著性差异（$P<0.05$）

表 5-6　6 种蜂花粉脂肪氧合酶活力及比活力

蜂花粉	酶活力/U	比活力/（U/mg）
杏花粉	80.00±7.79	8.72±0.85a
向日葵花粉	47.00±2.94	3.92±0.25b
桃花粉	91.50±3.54	3.26±0.139b
拉拉秧花粉	32.67±0.58	3.09±0.07b
油菜花粉	36.33±2.87	1.61±0.13c
荷花粉	43.67±0.58	0.39±0.01c

注：不同小写字母代表本列数据之间有显著性差异（$P<0.05$）

（二）碳水化合物

蜂花粉中的碳水化合物约占干物质的 1/3，主要为葡萄糖、果糖、蔗糖、淀粉，还含有糊精、纤维素等多糖。这其中单糖的含量最高，主要是葡萄糖和果糖。近年来研究发现，多糖具有抑制肿瘤、抗衰老、提高机体免疫力的功能作用。

（三）脂肪酸

蜂花粉中的不饱和脂肪酸占脂类物质的 60%～91%，高于任何动物油脂的含量。脂类中的植物甾醇是一类新兴的保健产品，具有消炎退热、抗肿瘤、抗发炎、清除自由基及护养皮肤等多种生理功能。在蜂花粉的营养成分中，脂类物质占据相当重要的地位。

张红城等（2008）对油菜花粉、荞麦花粉、山楂花粉及野菊花花粉中的脂类物质进行分离提取，并通过气相色谱和质谱联用法研究发现，4 种花粉中均含有植物甾醇，结果见表 5-7。其中，油菜花粉中的植物甾醇种类最多，其次是荞麦花粉、山楂花粉，野菊花花粉最少。蜂花粉中的植物甾醇主要有麦角甾醇、豆甾醇、谷甾醇、菜油甾醇。已有研究表明，豆甾醇有降低胆固醇含量、降血脂、抗肿瘤等生理活性功能；菜油甾醇具有降低人体胆固醇含量的作用；麦角甾醇能抗软骨病；谷甾醇可应用于治疗Ⅱ型高脂血症及预防动脉粥样硬化。因而该研究可为甾醇在蜂花粉保健品中的应用提供一定实验依据。

表 5-7　4 种蜂花粉中植物甾醇的含量　（单位：%）

蜂花粉	粗脂肪含量	豆甾醇相对含量	菜油甾醇相对含量	麦角甾醇相对含量	谷甾醇相对含量
荞麦花粉	9.50±2.20	87.65	—	12.35	—
油菜花粉	16.41±2.84	28.39	18.84	52.77	—
山楂花粉	10±0.36	—	—	73.05	26.95
野菊花花粉	12.47±0.44	—	—	—	100

蜂花粉中含有丰富的不饱和脂肪酸，其中的多不饱和脂肪酸（polyunsaturated fatty acid，PUFA）就是重要的功能因子之一。国内外大量研究表明，PUFA 能降低血清胆固醇和甘油三酯含量，增加胆汁的固醇含量，促进胆酸排出，从而使动脉粥样斑消退，有益于心血管系统健康。其中，尤以亚麻酸、亚油酸、花生四烯酸最为重要，它们是维持人体正常生理功能所必需的营养物质。因此，测定蜂花粉中的脂肪酸含量具有重要意义。

张红城等（2009b）测定了 8 种蜂花粉中粗脂肪和游离脂肪酸含量，结果如表 5-8 所示。结果显示，8 种蜂花粉中粗脂肪的含量为 1%～6%，而粗脂肪中游离脂肪酸含量相差较大，为 2%～18%。有学者指出不饱和脂肪酸（PUFA）/饱和脂肪酸（SFA）值的大小可以说明保健价值的高低，这一比值超过 1 时，对心脑血管病等疾病的保健效果十分理想。而该实验中所研究的蜂花粉中除桃花、莲花、黄柏蜂花粉外，其余比值都要超过 1，罂粟蜂花粉比值达到 9.17。因此，作者认为罂粟花粉有很好的药用价值。

表 5-8　8 种蜂花粉中粗脂肪和脂肪酸含量　（单位：%）

蜂花粉	粗脂肪含量	游离脂肪酸含量	饱和脂肪酸占比	不饱和脂肪酸占比
莲花花粉	5.13	4.64	81.904	18.096
桃花花粉	4.93	5.51	19.075	80.925
籽瓜花粉	4.35	8.65	36.210	63.790
蒲公英花粉	3.28	10.37	38.707	61.293
茶花花粉	3.22	7.66	45.219	54.781
罂粟花粉	3.08	2.95	9.832	90.168
黄柏花粉	2.98	17.47	59.720	40.280
蚕豆花粉	1.79	9.85	38.397	61.603

（四）维生素

蜂花粉中含有 15 种维生素，是天然的多种维生素的浓缩物。其中，以 B 族维生素较为丰富，包括维生素 B_1（硫胺素）、维生素 B_2、维生素 B_3（尼克酸）、维生素 B_5（泛酸）、维生素 B_6、维生素 H 等。大部分存在于蜂花粉中的维生素都有着重要的营养学贡献，如维生素 A 类、维生素 E（生育酚）、维生素 B_3、维生素 B_1、维生素 B_9（叶酸）和维生素 H（生物素）。与富含维生素的谷物、水果和蔬菜相比，花粉所含的维生素 A 是前者的 20 多倍，并具有更多的泛酸、叶酸和生物素。此外，正如其他成分一样，由于花粉种类不同，维生素含量也会有很大差异。如法国岩蔷薇花粉中的类胡萝卜素含量比栗树花粉中类胡萝卜素含量高出 20 倍。

（五）矿物质

蜂花粉中含有 60 多种矿物质，特别是微量元素极为丰富。除了含有碳、氢、氧、氮、钙、磷等常量元素，还含有人体必需的 14 种微量元素，包括铁、碘、锌、锰、钴等。由于微量元素必须由食物提供，因此可将蜂花粉作为人体微量元素的补充剂，而且其所含微量元素的种类、存在形式及含量等都很适于人体的吸收利用。不同矿物质的含量在不同种类花粉中也存在相当大的差异性。这其中，钾、镁、钙、锰和铁含量差别较大，而锌和铜的含量则较为恒定。此外，蜂花粉中的钠含量相对较低，而由于硒很可能是与花粉脂质结合在一起，因此很难分析蜂花粉中的硒含量。

（六）黄酮类物质

蜂花粉中还含有多种黄酮类物质，其平均值是 1.756%。有研究表明，玉米花粉黄酮类有降血脂、降低胆固醇等作用。董捷等（2008a）通过实验证实了多种蜂花粉中富含黄酮和多酚物质。

二、蜂花粉的加工处理

花粉壁坚固，具有耐酸、耐碱、耐腐蚀和抗生物分解的特性，同时含有纤维素、角质、花粉素等，这些都导致花粉内的营养物质很难被人体充分吸收利用。因此，对蜂花粉的加工，重点是对其进行破壁处理。

花粉破壁是指通过外界作用而使花粉粒的细胞壁受到不同程度的破坏，以便其内部营养物质的释放，从而有利于人体消化吸收的一类处理方法。通常所说的破壁可分为 3 种具体形式：①花粉壁自萌发孔处裂开；②花粉壁除萌发孔外，其他部分也有破裂；③花粉壁完全分解为数块残片。目前，人们已经尝试利用多种方法来实现对蜂花粉内外花粉壁的破坏，总体来说，可分为物理方法、化学方法和生化方法，且不同方法有其各自的优点和不足。

（一）物理方法

1. 机械破壁法

机械破壁法又称高压气流粉碎破壁法，此方法对湿度要求较高，一方面要求蜂花粉含水量不得超过 4%，另一方面破壁的环境也要保持洁净干燥。操作过程为：首先将蜂花粉粗磨过筛，投入粉碎机中；之后花粉粒会在超音速强气流的作用下与陶瓷圈产生强烈撞击，花粉发生破碎。曹龙奎等（2003）应用机械破壁法处理玉米花粉，结果表明，在转速为476r/min、粉碎时间为1.2h、球料比为7∶1、含量小于5%的最佳工艺参数条件下，花粉破壁率可达100%。机械破壁法的优点是工艺简单，破壁效果明显，但缺点是该过程会破坏蜂花粉中的营养物质。

2. 温差破壁法

温差破壁法的原理为在冷冻条件下花粉外壁会变脆，细胞内的水形成冰晶。之后在升温过程中，细胞内的冰刺破花粉细胞壁以达到破壁的目的。如若结合其他外力作用，还可进一步增加破壁率。操作过程为：先将花粉置于−10℃冰箱内存放24h，后投入80℃的热水中搅拌，迅速冷却至40～50℃，并在恒温下再提取8～10h，提取率可达70%。温差破壁法的优点是工艺简单，成本低，但缺点是破壁率比较低。

3. 液氮淬冷法

液氮淬冷法利用液氮对花粉进行深低温超快速冷冻处理，使花粉壁破裂。周顺华等（2002）用液氮淬冷法对油菜花粉进行深低温超快速冷冻处理，解冻后用显微镜观察发现，最佳破壁条件为解冻温度95℃，反复冻结解冻3次，破壁率达94.97%。

4. 超声波破壁法

超声波的空化作用产生气泡，其在爆裂过程中可以产生微冲击波，它会使裂痕处发生强烈振荡，当振荡力超过了花粉壁间的结合力，部分花粉壁就会从花粉上掉下来。在以往的超声波破壁过程中有时会辅以温差作用，其原理是先利用温度冷热的急剧变化使花粉壁上的萌发孔打开，这样就形成了超声空化气泡的作用位点，从而有效地增强了破壁的整体效果。该方法的流程可简述为溶解后的花粉→冷冻→加热→超声作用。研究表明，超声波的功率与花粉的破壁率在一定的范围内呈线性关系，一次超声连续作用的时间不宜过长，否则会因为超声产生的热量引起花粉溶液温度过高，导致溶出的花粉营养物质被破坏。张智维等（2005）通过冻融和超声波处理油菜花粉破壁率达到98.5%，结果表明，超声波破壁的最佳条件为超声功率100W，超声时间10min，花粉液浓度10%，温度50℃。超声波破壁法的优点是操作步骤简单易行，破壁率高，对营养成分破坏小。

5. 微波破壁法

微波破壁法的原理是利用微波场的生物效应、热效应及“扰动”效应加速物质的扩散溶解。曹龙奎等（2004）采用超低温加微波方法进行玉米花粉破壁技术的研究，发现采用液氮低温深层冷冻和微波急速解冻可以达到使玉米花粉破壁的目的，花粉破壁率达 95%，优于一般的加热解冻方法。微波破壁技术具有溶剂用量少、处理方便、耗能低等优点。

（二）化学方法

1. 有机溶剂破壁法

有机溶剂破壁法是选用合适浓度的有机溶剂浸泡蜂花粉，使有机溶剂通过萌发孔进入花粉粒内部，再经浸泡和搅拌，有机溶剂就会把花粉粒内部的营养物质提取出来。林瑾等（2008）使用不同浓度 H_2O_2 和 NaOH 处理玫瑰花粉，使外壁破壁，再利用黄瓜提取液和纤维素酶处理，内壁破壁率达 99%。有机溶剂破壁法虽然操作简单，成本低廉，但破壁率较低。

2. 引发子破壁法

引发子破壁法是根据新鲜花粉中含有一种化学物质，在一定条件下，它能促使花粉中的酶活化，这样花粉粒就会在自身酶的作用下实现破壁，而这种化学物质被称为引发子。该方法实现破壁的关键在于花粉的新鲜程度和引发子的活化。

（三）生化方法

1. 蜂粮破壁法

蜂粮是蜜蜂把采来的花粉进行精选后置于巢房内，并本能地加入一些酶类等物质，在合适温度（33～35℃）下发酵，萌发孔打开后的蜂花粉就被称为蜂粮。过程中加入的酶类包括蛋白酶、淀粉酶、转化酶及脂肪酶。若花粉不经事先酿造破壁，则不易被蜜蜂消化吸收。蜂粮破壁法就是将酿造好的蜂粮加入花粉中作为酶的来源，最终使蜂花粉萌发孔裂开的一种方法。需注意的是，蜂粮破壁法需要在无菌条件下操作。

2. 酶解破壁法

酶解破壁法是在适宜条件下，向蜂花粉中添加一定的蛋白酶、纤维素酶、半纤维素酶、果胶酶等进行处理，用酶消化花粉壁从而使内容物释放，可有效提高花粉中有效成分在水中的溶解度。酶解破壁法的优点：①专一性。各种酶能专一地作用于花粉表面及萌发孔处相应的大分子物质，从而促使萌发孔打开。②高效性。用少量的酶就可以实现较好的破壁效果。③条件温和。因处理条件温和，对营养物质影响小，利于其活性的保存。同时，该方法也存在不足，即用材价格较贵，成本高。

董捷等（2008b）采用有机溶剂联合酶法对油菜花粉萌发孔通透性改善情况进

行了研究，获得的结果如表 5-9 和图 5-3 所示。由表 5-9 可以看出，经过上述几种方法处理，花粉溶液的蛋白溶解指数有所增加，可溶性糖增多。图 5-3 展示的是在光学显微镜下花粉萌发孔的打开情况。图 5-3a 为经过石油醚处理的单个花粉，从图中可以看出花粉大致呈圆形，看不清花粉沟或萌发孔。图 5-3b 为经过石油醚和复合蛋白酶+复合纤维素酶处理的单个花粉，从图中可以清晰地看到萌发孔，花粉中的营养物质可以通过萌发孔与外界相通。图 5-3e～g 分别是先经石油醚处理，再经过复合蛋白酶、复合蛋白酶+中温淀粉酶、复合蛋白酶+复合纤维素酶处理的花粉。从图 5-3e 中可以看出，只使用复合蛋白酶，萌发孔裂开程度不如复合蛋白酶+中温淀粉酶（图 5-3f）、复合蛋白酶+复合纤维素酶（图 5-3g）。这是因为在花粉壁上含有蛋白质，而内壁的蛋白质主要集中在萌发孔处，首先复合蛋白酶降解萌发孔处的蛋白质是非常重要的；其次是中温淀粉酶和复合纤维素酶降解存在于萌发孔内壁上的纤维素、一些酸性多糖和淀粉粒；石油醚的作用是部分溶解花粉壁外层的脂类、类胡萝卜素和一些蛋白质等物质。石油醚联合酶法即先经石油醚处理后，再用复合蛋白酶+中温淀粉酶或复合蛋白酶+复合纤维素酶处理花粉，可以明显改善花粉萌发孔的通透性。与上面的“经石油醚处理再酶解对蛋白溶解指数的影响”相对应，说明蛋白质的溶出对萌发孔的打开影响非常大。图 5-3d 是用石油醚脱脂后，又经过中温淀粉酶+复合纤维素处理的花粉。从图中可以看出，花粉颗粒呈圆形或椭圆形，萌发孔不清晰，与没有经过酶处理的空白样品（图 5-3c）相近。说明中温淀粉酶和复合纤维素酶对萌发孔的打开影响很小。与上面的“经石油醚处理再酶解对可溶性糖含量的影响”相对应，说明可溶性糖的溶出对萌发孔的打开影响不大。

3. 发酵破壁法

发酵破壁法的原理是将有益菌发酵过程中产生的各种酶加入花粉中，利用外加酶及花粉自身含有的酶共同作用于花粉，使萌发孔打开，利于内部营养成分的溶出。常用的发酵菌种有酵母、曲霉、乳酸菌等。经发酵破壁法破壁的花粉有较好的色泽风味，且由于后期不用高温灭菌，有利于维生素、酶等热敏性物质的保存，但该方法的缺点是易受杂菌污染。

表 5-9　各方法对花粉破壁的作用效果

指标	纤维素酶	中温淀粉酶 +复合纤维素酶	复合蛋白酶 +复合纤维素酶	石油醚处理后 +复合蛋白酶+复合纤维素酶
蛋白溶解指数	25.1		0.66	0.76
可溶性糖含量增加/%	34.0	53.0		40

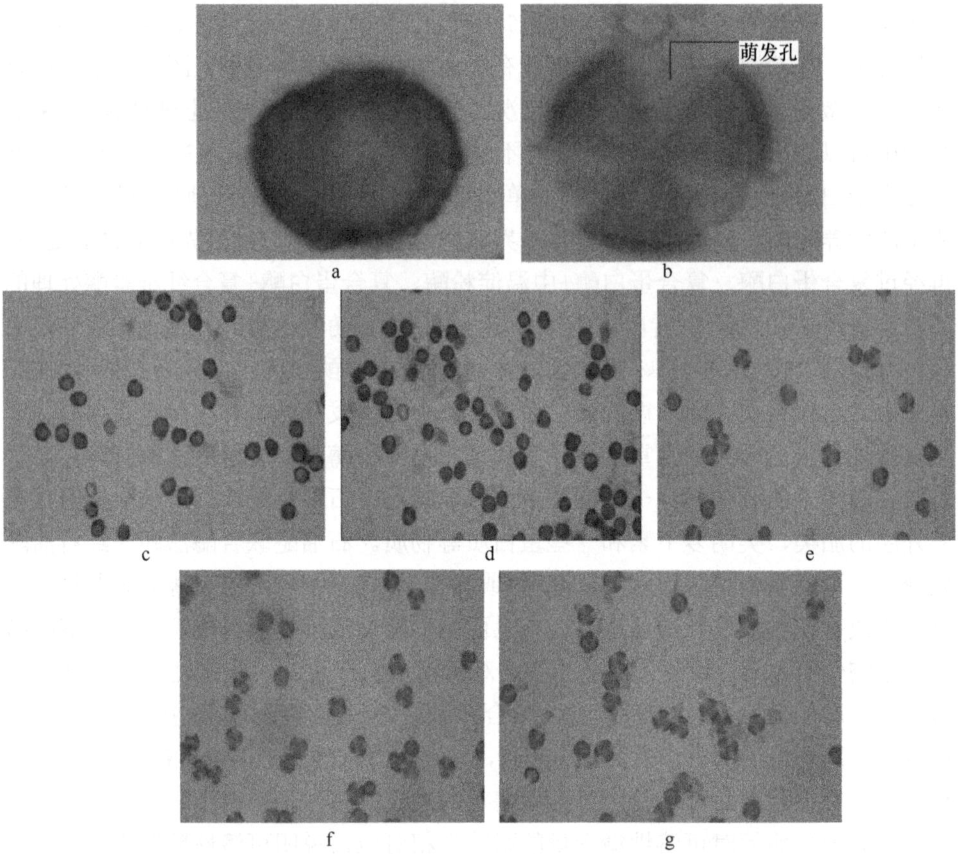

图 5-3　光学显微镜下花粉萌发孔打开情况（彩图请扫封底二维码）

a. 经石油醚处理的单个花粉；b. 经石油醚和复合蛋白酶+复合纤维素酶处理的单个花粉；c. 经石油醚处理的花粉；d. 经石油醚和中温淀粉酶+复合纤维素酶处理的花粉；e. 经石油醚和复合蛋白酶处理的花粉；f. 经石油醚和复合蛋白酶+中温淀粉酶处理的花粉；g. 经石油醚和复合蛋白酶+复合纤维素酶处理的花粉

（四）蜂花粉处理的指标

在前人的研究中，检测花粉破壁效果的评价指标主要集中在以下几个方面。

1. 计算花粉的破壁率

通过计算花粉破壁率来衡量破壁效果是使用最早也是最为常用的一种方法，多是通过使用光学显微镜进行镜检。不过对于破壁率的计算，学术界一直存在争议。如张全龙（1999）研究计算破壁的公式为破壁率（%）=[1-（完整花粉粒个数/花粉总个数）×（对照花粉重量/样品花粉重量）]×100；郝晓亮等（2005）选用的公式为破壁率（%）=（已破壁花粉/视野中花粉总数）×100；张红城（2009c）提出油菜蜂花粉的计算方法为：破壁率（%）=（花粉碎片个数/3）/（花粉碎片个数/3+完整花粉粒个数）×100。

胡适宜（2005）研究提出，对于计算花粉的破壁率，首先需要弄清楚到底什么是破壁，许多人认为只要是萌发孔打开就算是破壁了，但是如果条件合适，在自然条件下花粉的萌发孔也可以自己打开，但破壁是指通过人为因素的介入来改变花粉的形态，以求提高内部营养物质的溶出量和利用率的方法。其次需要定义破壁的范围，有人认为只要萌发孔打开就算是破壁，但还有人认为只有当花粉完全破碎才能算是破壁，而完全破壁的花粉又是无法计算的。这就给破壁率的准确计算带来很大困难。最后是可信度的问题，视野中局部的花粉照片是否能够代表所有花粉，实验结果有可能会随取样的不同而产生差异。

2. 粒径分析

粒径分析是利用显微镜和相机拍摄花粉照片，通过软件计算得出相应的粒径数据，再用粒径的变化来反映花粉形态的改变。但是这种分析方法存在一个问题，即利用局部的数据来代表整体，其结果的准确性仍有待求证。

3. 可溶性糖含量

这是一种通过测定花粉上清液中可溶性糖含量来反映破壁效果的检测方法。花粉破壁最终会导致花粉内部物质的释放，而该方法就是通过内部物质含量变化的角度反推花粉的破壁情况。任向楠等（2009）利用蒽酮比色法并做标准曲线，计算可溶性糖的公式：可溶性糖含量（%）=标准曲线查得的糖含量×样品总体积×稀释倍数/（测定时的取样体积×样品质量×10^3）×100。

4. 蛋白分散指数和蛋白溶解指数

蛋白分散指数和蛋白溶解指数的计算，都是通过测定溶解在花粉液中蛋白质的含量来反映花粉破壁情况的指标。不同的是，蛋白分散指数计算的是从花粉粒中溶出的所有蛋白质的量，而蛋白溶解指数指的是其中溶解在水中的部分。该方法同样是利用物质含量反推破壁情况。

三、蜂花粉的加工产品

（一）蜂花粉蜜的制备

这里介绍一种蜂花粉蜜丸的制备方法，配方为蜂花粉 6～7 重量份，蜂蜜 3～4 重量份。其中，蜂花粉为茵陈花粉、玉米花粉、葎草花粉各占 1/3 的混合花粉。

操作方法：①混合。蜂蜜放入容器隔水加热至 60～70℃，按照重量比加入蜂花粉，均匀混合并保持温度 30～90min。②制丸。将蜂花粉与蜂蜜混合物自然冷却，揉制加工成丸剂。③包装。

（二）蜂花粉速溶颗粒

这里介绍一种蜂花粉活性成分速溶颗粒的制备方法。

操作方法：①配制柠檬酸缓冲溶液。将柠檬酸 5.50～50.50g 和柠檬酸钠 14.70～60.00g 溶于 150～200ml 去离子水中，调整缓冲溶液的 pH 为 2.5～6.8，取 60～120ml 缓冲溶液倒入 250ml 锥形瓶中。②灭菌。将上述缓冲溶液在灭菌锅中于 0.05～0.50MPa 下灭菌 15～45min，取出冷却后备用。③加酶。取植物复合水解酶 80～400μl，将其加入到上述冷却的缓冲溶液中至溶解，再称取经干热灭菌的蜂花粉 5～45g 加入到该锥形瓶中，混合均匀。④摇床培养。于转速为 120～250r/min、反应温度为 30～45℃、提取时间为 2～10h、pH2.5～6.8 条件下摇床培养，以确保花粉酶解破壁充分。⑤测定。反应混合液经减压过滤得提取液，测量提取液总体积，并测其总黄酮、SOD 酶活力，再取 50ml 冷冻干燥得到浓缩液，计算蜂花粉提取率。⑥干燥。将过滤后的不溶性固形物（主要成分包括纤维素、半纤维素、花粉多糖、脂肪、蛋白质和矿物质）取样，在 40～120℃恒温干燥箱烘干至含水量为 2.5%～12.5%。⑦制粒。将上述浓缩液、不溶性固形物与药物学常用赋形剂（无糖型）、溶剂混合后制成颗粒。其中，所述植物复合水解酶选自纤维素酶、果胶酶、蛋白酶中的一种以上任意比例混合物，优选含纤维素酶：果胶酶：蛋白酶的重量比为（1～5）：（1～5）：（1～5），更优选纤维素酶：果胶酶：蛋白酶的重量比为 1：1：1。摇床培养条件优选为反应温度 45℃，提取时间 6h，pH 3.4。制粒可以采用《中华人民共和国药典》所述的配方和方法。

在本方法较佳实施例中，采用方法为，分别称取如下重量份数的原料：前述浓缩液 20～80 份、可溶性淀粉 20～50 份、不溶性固形物 10～90 份、木糖醇 2～10 份、羧甲基纤维素 2～10 份和麦芽糊精 10～50 份混合均匀。加入乙醇溶液 30～100ml 和食用香精适量和成团状，于 20 目筛上搓成颗粒并散开，在 30～60℃下烘干 1～4h。通风冷却，装袋。优选为将所述浓缩液 50 份、可溶性淀粉 30 份、不溶性固形物 20 份、木糖醇 3 份、羧甲基纤维素 4 份和麦芽糊精 25 份混合均匀，加入 50ml 乙醇溶液和占原料总重 0.5%～1%的食用香精和成团状，于 20 目筛上搓成颗粒并散开，40℃下烘干 2h。其中，所述乙醇溶液为蒸馏水和无水乙醇按体积比 1：4～4：1 配制而成，优选体积比 1：1。经本方法制备得到的提取液总体积为 200～280ml，蜂花粉提取率为 25%～55%，不溶性固形物含水量为 2.5%～12.5%。所制得的蜂花粉颗粒按《中华人民共和国药典》（2005 版）颗粒剂进行理化质量检查。

通过上述工艺制备得到的酶解蜂花粉颗粒破壁率高，活性成分含量大大提高，花粉黄酮含量平均提高了 2.07 倍，花粉 SOD 酶活力也有较高的保留。酶解花粉，其感官指标亦有显著提升，颜色由酶解前因花源差异导致的花粉颗粒自然色差改善为均一柔和淡黄色，口感由酶解前的微涩味改善为具有植物的自然清新及低度甜味。此外，花粉经酶解后过敏原被水解破坏，从而提高了产品的生物安全度。

（三）花粉酒

这里介绍一种花粉酒的生产工艺，包括基酒和花粉液的制备。

操作方法：①基酒的制备。按照重量份计算，取新鲜花粉 3～5 份和熟粮 95～97 份混合均匀，分别加入原料重量 0.15%的酒曲和原料重量 0.15%的根霉曲混合均匀后放入土陶小缸中，于 27～30℃糖化发酵 70～75h。将各土陶小缸的发酵物合并到土陶大缸中继续糖化发酵 7 天。然后煮酒，煮至酒精度达到 62°～68°后过滤，滤液用碱中和至 pH 为 6～8，澄清后取上清液加入蜂蜜进行第一次勾兑，经醇离析并澄清后得到基酒，将基酒密封蓄存 1 年以上。②花粉液的制备。新鲜花粉放入 51°糯米酒中浸泡 3～6 个月后取其上清液，得花粉液。③浸取液的制备。取首乌、红枣、桂圆、茜草、枸杞分别放入 52°糯米酒中浸泡 2～3 个月，取其上清液，分别制得首乌、红枣、桂圆、茜草、枸杞浸取液。④二次勾兑。二次勾兑在秋季进行，按照重量份计算，取蓄存 1 年以上的基酒 100 份，加入 5～6 份花粉液、2～3 份首乌浸取液、1～2 份红枣浸取液、1～2 份桂圆浸取液、1～2 份茜草浸取液和 2～3 份枸杞浸取液，混合勾兑后，密封蓄存 3～6 个月即得花粉酒。

第三节　蜂花粉的鉴别

蜂花粉是一种天然的营养食品，富含蛋白质、碳水化合物、矿物质、维生素和其他活性物质。此外，蜂花粉还具有一定的医疗作用，如调节内分泌、治疗糖尿病、补肾安神和抗肿瘤等。然而，随着蜂花粉产品越来越受到消费者的青睐，市场上出现假冒伪劣蜂花粉产品的现象也日趋严重，进而对蜂花粉的质量检测提出了更高的要求。目前，对蜂花粉的质量鉴别主要是通过感官指标和理化指标两个方面进行。

一、感官鉴别

用肉眼观察蜂花粉的颜色、状态，并嗅其气味、尝其滋味、手捏其坚硬度。质量较好的蜂花粉应团粒整齐、颜色一致、无杂质、无异味、无霉变、无虫迹、品种纯，干燥的蜂花粉团粒大小基本一致，直径 2.5～3.5mm。用手轻轻搓蜂花粉团，能听到唰唰响声，有坚硬感。而轻轻一捏即碎的，是由于其水分含量较高，还可能是因为发霉而引起的变质。除某些蜂花粉具有甜味外，一般味苦，品尝后，给人留下一种后味。新鲜蜂花粉有浓厚的天然辛香味，而霉变的蜂花粉则无香味或有一种难闻的气味，严重的有恶臭味。

二、理化鉴别

对蜂花粉理化指标的鉴别主要是通过对多个检测项目的测定来进行的，如碎粒测定、杂质含量测定、单一蜂花粉比例测定、水分测定、灰分测定、蛋白质测定、维生素 C 测定等，这些都属于对蜂花粉进行的破损性鉴别。目前，有一种比较成功的无损检测方法，可用于鉴别蜂花粉的质量及分辨其真假。现对这种无损检测技术进行简要阐述，其为一种可见和近红外光谱的蜂花粉品种鉴别方法，具有快速、简便、无破坏性和鉴别效率高等优点。

操作方法：①设置应用可见和近红外光谱的蜂花粉品种鉴别装置，其由可见和近红外光谱仪、光源、标定白板和计算机构成，光源为卤素灯。②将被测物放置在标定白板上，调整可见和近红外光谱仪的光束与被测物的夹角为 45°，光源照射方向和被测物夹角同样为45°，可见和近红外光谱仪的光束与光源光束成90°，使得被测物和标定白板的反射光进入可见和近红外光谱仪。③开启可见和近红外光谱仪，实时采集被测蜂花粉样品的光谱信息，采用计算机上已建立的蜂花粉品种的光谱校正模型，通过光谱分析处理软件完成光谱分析，进行品种鉴别。所述光谱采集范围为 325～2500nm。

上述第三个步骤所述蜂花粉品种光谱校正模型的建立是通过以下步骤：①校正样本集光谱信息的采集。用近红外光谱仪分别采集不同品种的蜂花粉样品，建立校正样本集，然后通过光谱仪采集校正样本集中蜂花粉样品的全波段的光谱反射率信息。②反映蜂花粉品种的光谱预处理。采用卷积平滑、标准化、归一化、中心化、多元散射校正、一阶求导、二阶求导、小波处理方法进行光谱预处理。③建立蜂花粉品种的光谱校正模型。校正样本集中的蜂花粉样品经过可见和近红外光谱仪采集透射率信息以后，通过线性的化学计量学方法建立预处理后的蜂花粉样品透射率信息和蜂花粉品种信息的光谱校正模型。

第四节　蜂花粉的贮存

一、常用贮存方法

一般蜂花粉经干燥、灭菌处理后，含水量为 2%～5%时，即可密封贮存。下面介绍几种常用的贮存方法。

（一）一般贮存法

一般贮存法为将蜂花粉装入无毒塑料袋中并扎紧、密封，贮于 0～5℃的冷库中。该方法只能短期存放，不能长期贮存。

（二）冷藏法

冷藏法为将装袋密封的蜂花粉贮存于–20～–18℃的冰库、冰柜（低温冰箱）中。该方法效果较为理想，可保存数年，适于加工生产厂家使用。

（三）充入 CO_2 或 N_2 贮存法

充 CO_2 或 N_2 贮存法为在装蜂花粉的袋内充入 CO_2 或 N_2 气体，或于贮存容器内充入 CO_2、N_2 气等惰性气体，达到长期贮存的目的。该方法效果很好，有条件的加工生产厂家可在专用的蜂花粉贮存瓶内充入 N_2 气进行贮存，方法是将经干燥、灭菌的蜂花粉存放在夹套瓶内，抽出空气，充入 N_2 气，关闭阀门，并在夹层内通 10℃、20%冰盐水。

（四）其他

对于家庭或无冷藏条件的蜂场，少量的蜂花粉可加糖或蜂蜜混合进行贮存。即将蜂花粉和白糖按 2∶1 混合，装在容器内压实，表面再撒一层 10～15cm 的白糖覆盖，加盖密封，常温下可保存两年。也可仿效蜜蜂加工蜂粮那样，在蜂花粉中加入蜂蜜密封保存，效果也很好。

二、除氧剂贮存法

除氧剂是近年来发展起来的一种食品保鲜剂，它可以把贮存蜂花粉的容器或包装袋内的氧气除掉，使微生物不能生存和活动，从而达到保鲜目的。有研究报道了使用除氧剂对蜂花粉的保鲜效果，实验将油菜花粉与通用型除氧剂（TC-1000 型，在 72h 内可将容器内氧气除净）、氧指示剂等同时放入包装袋内并密封。于室温下保存一年后进行一系列感官、理化和卫生指标检测。包装袋采用国产尼龙、聚乙烯复合薄膜制成，其透气量为 60ml/（m^2 · 24h · 0.1MPa）。结果表明，蜂花粉的形状、颜色和气味等外观质量均没有改变，贮存期内蜂花粉的含水量略有降低，霉菌含量明显下降，可有效地控制虫蛀。蜂花粉的各类主要营养成分，如蛋白质、还原糖、微量元素无明显变化，经定性分析，游离氨基酸种类未减少，这对保存蜂花粉活性有一定作用，但维生素 C 完全损失。实验还发现，贮藏一年后的蜂花粉水溶液 pH 降低，这可能是由蜂花粉在贮藏期间氧呼吸积累的乳酸所致。由此可以推测，蜂花粉水溶液的 pH 变化可以间接用来衡量蜂花粉的新鲜程度。

除氧剂价格低廉，每 50kg 蜂花粉所需要的除氧剂的成本不超过 0.3 元，复合薄膜包装虽成本较高，但可反复使用。因此，在大生产条件下，对于不具备大型冷库的加工单位及产量较大的养蜂单位而言，除氧剂封存可能是解决蜂花粉原料贮存问题的一个经济简便而又行之有效的方法。

第五节　蜂花粉的应用

蜂花粉中含有多种活性物质，使其具有多样的生物学作用。因而在保健品开发、疾病预防和畜牧业生产等领域，蜂花粉正得到人们越发广泛的关注和研究。

一、蜂花粉在保健及疾病预防中的应用

（一）对心脑血管系统的作用

蜂花粉中含有芦丁、维生素、黄酮类化合物、常量和微量元素、多糖、不饱和脂肪酸及核酸等物质，它们的综合作用能有效清除血管壁上脂肪的堆积，降低高脂血症动物的血清总胆固醇和甘油三酯，促进胆酸排出，并能提高血清高密度脂蛋白胆固醇的含量，维持凝血和纤溶功能的平衡，减轻和缩小主动脉粥样斑块的形成，以防治动脉粥样硬化，还可防止脑溢血、高血压、视网膜出血、卒中后遗症、静脉曲张等老年病的发生（张雨等，2006）。

（二）抑制前列腺疾病

蜂花粉中含有的雌二醇、促滤泡激素、黄体、吲哚乙酸等物质可促进内分泌腺的发育、提高和调节内分泌功能，对治疗前列腺增生症和前列腺炎效果良好。我国治疗前列腺疾病的有效药物前列康就是以蜂花粉为原料制成的。钱伯初和刘雪莉（1992）通过实验证明，蜂花粉的醇提物能够对幼年小鼠和大鼠前列腺生长以及丙酸睾丸酮与胎鼠尿生殖窦植入所导致的成年小鼠前列腺增生产生抑制作用，减少前列腺组织 DNA 含量和血清酸性磷酸酶含量，并认为其抑制作用可能与抗雄激素作用有关。蔡华芳等（1997）研究发现，蜂花粉及其醇提物对小鼠前列腺炎有一定的抑制作用。Habib 等（1990）研究了蜂花粉提取物及其组分体外对前列腺细胞生长的影响，发现蜂花粉水提物 T60 在体外对前列腺细胞生长有选择性抑制作用。日本长崎医学院在治疗男科疾病时发现，蜂花粉对恢复性生活和加强性功能都有明显效果，一些阳痿患者在服用花粉后恢复了正常的性生活。

（三）延缓衰老、美容功效

研究表明，食用蜂花粉可以刺激下丘脑的神经元，使本已疲劳或功能出现衰退的神经元组织恢复活力，从而延缓衰老。同时，蜂花粉还可促使胸腺生长、T 淋巴细胞和巨噬细胞数量增加，提高机体的免疫功能，抵御疾病和衰老。蜂花粉中含有的蛋白质、胡萝卜素、维生素 E、维生素 A 等都是美容化妆品中的有效成

分，因而蜂花粉被誉为“可以吃的美容剂”。蜂花粉的营养物质中含有微量元素硒、维生素 E、维生素 C、β-胡萝卜素、SOD 等多种活性成分，这些物质具有抗氧化能力，能清除机体代谢所产生的自由基，延缓皮肤衰老和脂褐素沉积。此外，蜂花粉的醇提物还有对抗过氧化脂质生成的作用。丁钰熊等（1988）曾对蜂花粉延缓衰老的作用机制进行研究。结果发现，蜂花粉能显著提高小鼠外周血象中的红细胞数和血红蛋白量，可促进糖代谢、三羧酸循环和蛋白质的合成代谢，并推断蜂花粉能通过调节机体代谢起到延缓衰老的作用。刘雪莉和李兰妹（1990）用组织化学方法观察了蜂花粉对 NIH 小鼠（由美国国立卫生研究院培育而成）心肌、肝、脑、肾上腺等脏器实质细胞内脂褐素含量的影响。结果表明，饲喂蜂花粉后可明显降低由于年龄、注射四氧嘧啶或饲喂过氧化物酶所导致的细胞内脂褐素含量的增高，为蜂花粉的抗衰老作用提供了实验依据。承伟等（1994）通过实验发现，蜂花粉的醇提物有明显的对抗小鼠肝、肾、脑组织在体外生成过氧化脂质的作用，证明蜂花粉醇提物对延缓衰老有帮助作用。

张红城（2013）研究了 18 种蜂花粉醇提物对黑色素产生的关键酶——酪氨酸酶的抑制作用，从酪氨酸酶催化反应的两步反应——单酚氧化和二酚氧化来研究各种花粉的抑制效果，其结果如表 5-10 所示。由偏相关性分析可知，多酚和单酚抑制率相关关系显著，呈负相关性，即随蜂花粉中多酚含量的增加，单酚 IC_{50} 值下降。黄酮和单酚抑制率在后 10 种花粉中同样呈负相关，即随蜂花粉中黄酮含量的增加，单酚 IC_{50} 值下降。整体而言，这 18 种花粉中杏花花粉、茶花花粉和向日葵花粉在抑制酪氨酸酶活性上具有更佳的效果，因而可能具有更好的美白效果。

表 5-10　18 种蜂花粉抑制酪氨酸酶活性的总结

蜂花粉名称	单酚 IC_{50}	二酚 IC_{50}	综合抑制酪氨酸酶指数
向日葵花粉	0.468	0.303	1.611
杏花花粉	0.124	0.377	1.203
荷花花粉	2.409	0.387	5.288
荞麦花粉	2.658	0.396	5.755
油菜花粉	2.283	1.329	7.644
茶花花粉	0.211	0.404	1.431
玫瑰花粉	0.747	1.005	4.029
黄玫瑰花粉	0.385	1.190	3.893
黄柏花粉	0.611	0.953	3.645
蒲公英花粉	0.595	0.839	3.304
野玫瑰花粉	0.333	1.053	3.425

续表

蜂花粉名称	单酚 IC_{50}	二酚 IC_{50}	综合抑制酪氨酸酶指数
山楂花粉	0.361	1.386	4.387
桃花花粉	0.413	1.270	4.162
五味子[a]花粉	0.622	1.946	6.384
五味子[b]花粉	0.819	0.816	3.639
山花花粉	0.738	1.251	4.687
野菊花花粉	0.566	1.198	4.236
野藿香花粉	0.902	0.845	3.866

注：a 表示北五味子，b 表示南五味子

（四）增强机体免疫功能

人体的免疫系统由免疫器官和免疫细胞组成，发挥着防御机体免遭细菌、病毒、肿瘤细胞侵害的作用。研究发现，坚持食用蜂花粉，能够提高机体内巨噬细胞和 T 细胞的数量，提高人体免疫力。另外，蜂花粉还能够提高血清免疫球蛋白 G（IgG）在人体内的水平。钱伯初和臧星星（1991）给小鼠喂含 20%蜂花粉的玉米粉，结果显示能较好地对抗因营养不良而引起的血清溶血素、脾空斑形成细胞（PFC）和特异玫瑰花环结形成细胞（SRFC）减少，而导致小鼠免疫功能降低的现象，说明蜂花粉有助于对营养不良及由此引起的免疫功能降低的纠正。王维义等（1985）用一批健康的小白鼠接种 S180 肉瘤和艾氏腹水癌肿瘤细胞，数据显示蜂花粉对肿瘤有抑制作用。实验还证明，蜂花粉可显著提高外周血中 T 淋巴细胞的百分率、对白色念珠菌的吞噬百分率和吞噬指数，表明蜂花粉的抑制肿瘤作用主要是通过增强机体免疫功能实现的。李存德等（1989）进行了党参花粉提取物和悬液对小鼠腹腔巨噬细胞吞噬功能影响的研究。结果表明，吞噬率和吞噬指数均有明显提高。

（五）对胃肠道的作用

习惯性便秘可导致体内毒素堆积、内分泌失调，给患者带来痛苦和心理负担。中老年人便秘更是一种潜在的危险因素，尤其是对于有心、脑血管疾病的患者。研究显示，蜂花粉对治疗便秘效果显著，有“肠道警察”之称。余颂涛等（1988）实验观察发现，玉米花粉可使离体豚鼠回肠、结肠活动明显亢进，并不为胆碱拮抗剂所阻断，也不被异丙肾上腺素完全抑制。陈珏和许衡钧（1985）通过应激性溃疡、苄达明性溃疡、慢性结扎性溃疡和慢性溃疡 4 种胃溃疡模型进行实验，观察蜂花粉的作用。结果显示，蜂花粉对大鼠 4 种胃溃疡都显示出较好的保护作用，对大鼠胃酸分泌量、酸度均无明显影响，推断蜂花粉抗溃疡作用可能是通过抑制胃酸分泌以外的其他机制发挥作用的。

（六）抗氧化

氧化应激被认为有助于慢性和退行性疾病的发展，如癌症、自身免疫失调、衰老、白内障、风湿性关节炎、心血管疾病、神经退行性疾病等。抗氧化剂是能够减慢或阻止其他微粒氧化从而阻止这类变化的微粒。蜂花粉中多酚类和黄酮类物质广泛存在，被认为是花粉中的有效抗氧化剂。研究发现，蜂花粉的抗氧化活性的大小不仅与其中抗氧化物质的含量有关，而且与其种类有关。蜂花粉的种类不同，所含成分有很大区别。

张红城（2013）研究了 18 种常见蜂花粉中酚酸类和黄酮类物质的抗氧化作用，结果如图 5-4 和表 5-11 所示。研究显示，在这 18 种蜂花粉中，黄玫瑰、桃花和五味子的总酚酸含量较高[图 5-4（a）]，油菜、黄玫瑰的总黄酮含量较高[图 5-4（b）]。由偏相关性分析可知（表 5-11），酚酸和 2,2-联氮-二（3-乙基-苯并噻唑-6-磺酸）二胺盐（ABTS）、还原力相关关系显著，随着蜂花粉中多酚含量的增加，ABTS 的 IC_{50} 值下降，还原能力增强；黄酮和 OH、DPPH 与 ABTS 相关关系显著，随着蜂花粉中黄酮含量的增加，OH、DPPH 和 ABTS 的 IC_{50} 值均下降。综合而言，

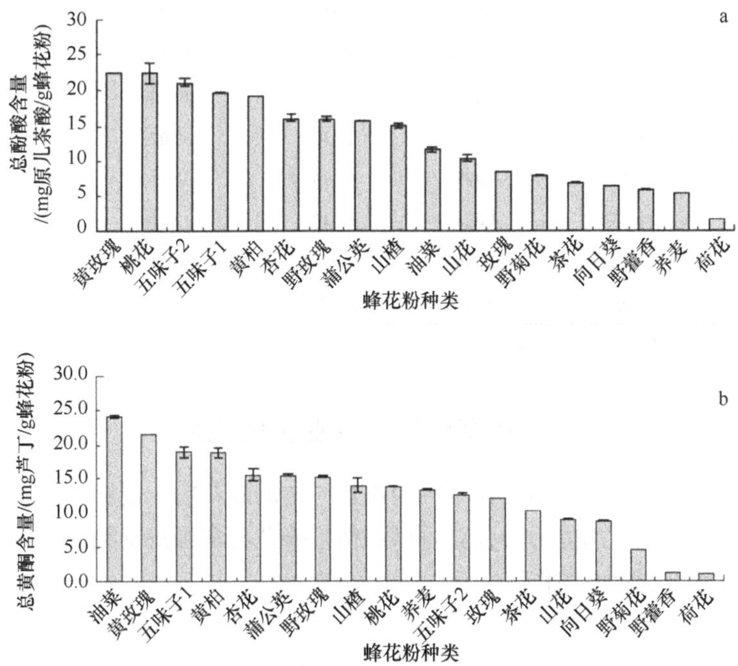

图 5-4　18 种蜂花粉 80%醇提物中的总酚酸含量（a）和总黄酮含量（b）

五味子 1 表示北五味子，五味子 2 表示南五味子

在这 18 种花粉中，荷花、野藿香、玫瑰和向日葵花粉的抗氧化效果最为显著。该项研究为今后测定花粉中的多酚类和黄酮类物质的抗氧化活性研究提供了方便，同时为将花粉应用于生产提供了依据。

表 5-11　18 种蜂花粉中酚酸和黄酮的抗氧化作用总结

蜂花粉名称	OH 的 IC_{50}	DPPH IC_{50}	ABTS IC_{50}	30mg/ml 的还原力	综合抗氧化能力指数
向日葵花粉	36.320	20.460	9.880	17.352	5.097
杏花花粉	34.410	9.700	2.341	16.543	4.596
荷花花粉	25.550	127.570	81.073	10.057	8.534
荞麦花粉	30.710	10.160	6.834	13.895	4.578
油菜花粉	17.080	1.280	1.885	49.428	2.058
茶花花粉	13.520	11.520	1.822	38.651	2.396
玫瑰花粉	46.970	6.940	5.150	23.041	5.231
黄玫瑰花粉	39.359	4.841	1.195	34.940	4.134
黄柏花粉	35.255	2.503	0.970	25.270	4.166
蒲公英花粉	21.457	4.336	1.642	15.150	3.661
野玫瑰花粉	23.643	7.241	1.715	16.710	3.805
山楂花粉	32.956	11.659	3.724	47.340	3.439
桃花花粉	31.556	9.916	2.370	70.550	2.423
五味子[a]花粉	18.270	1.660	1.430	68.073	1.447
五味子[b]花粉	23.351	3.899	0.376	63.170	1.979
山花花粉	18.763	4.634	1.743	33.010	2.831
野菊花花粉	27.748	9.046	10.540	9.380	4.629
野藿香花粉	32.955	45.157	12.931	16.200	5.438

注：a 表示北五味子，b 表示南五味子

二、蜂花粉在畜牧业上的应用

目前已有众多研究表明，在饲料中添加一定的蜂花粉，能够使家畜、家禽的体重明显增加，且抗病能力增强。可以期待，蜂花粉在经济动物的饲养方面将逐步发挥出其越来越重要的作用。

参 考 文 献

北京联合大学生物化学工程学院. 2009. 蜂花粉无糖活性速溶颗粒: 中国, CN101502307.

蔡华芳, 陈凯, 李兰妹, 等. 1997. 花粉及醇提物抗前列腺增生与炎症的比较研究. 中国蜂业,(4): 4-5.
曹龙奎, 黄威, 王景会, 等. 2003. 玉米花粉超微粉碎破壁技术的试验研究. 农业工程学报, 19(6): 209-211.
曹龙奎, 黄威, 王景会, 等. 2004. 玉米花粉破壁方法的试验研究Ⅱ. 超低温加微波破壁方法的研究. 东北农业科学, 29(5): 52-54.
陈珏, 许衡钧. 1985. 蜂花粉抗胃溃疡的药理研究. 中药药理与临床, (1): 27-28.
承伟, 由丽华, 赵艳杰, 等. 1994. 蜂花粉醇提物对小鼠体外生成过氧化脂质的影响. 辽宁医学院学报, (1): 14-15.
丁钰熊, 顾永奋, 龙楚瑜, 等. 1988. 花粉延缓衰老作用机理的实验研究. 上海中医药杂志, (5): 35-36.
董捷, 张红城, 李春阳, 等. 2008b. 有机溶剂联合酶法处理对油菜花粉萌发孔通透性改善的研究. 食品科学, 29(11): 300-304.
董捷, 张红城, 秦健, 等. 2008a. 十种蜂花粉醇提物中总多酚和总黄酮含量测定. 食品科学, 29 (12): 80-83.
郝晓亮, 王静, 刘毅. 2005. 松花粉破壁方法的比较研究. 农产品加工学刊, (11): 21-22.
胡适宜. 2005. 被子植物生殖生理学. 北京: 高等教育出版社: 78-85.
江名甫. 2005. 蜂花粉蜜丸及其制备方法: 中国, CN1596710.
李存德, 后文俊, 王国燕, 等. 1989. 党参花粉的免疫药理作用. 昆明医科大学学报, (1): 38-41.
林瑾, 余少文, 王娟. 2008. 不同溶剂对玫瑰花粉内壁破壁的影响. 食品科技, (10): 54-56.
刘雪莉, 李兰妹. 1990. 蜂花粉对小鼠脏器实质细胞内脂褐素的影响. 中国中药杂志, 15 (9): 49.
闵丽娥, 刘克武. 2000. 超氧化物歧化酶在几种蜂产品中的活性及抗氧化作用. 蜜蜂杂志, (8): 6-7.
钱伯初, 刘雪莉. 1992. 花粉醇的抗前列腺增生作用. 中华泌尿外科杂志, (5): 365-368.
钱伯初, 臧星星. 1991. 蜂花粉对营养不良小鼠免疫功能低下的影响. 中草药, (2): 19-21.
任向楠, 张红城, 董捷, 等. 2009. 木瓜蛋白酶对油菜花粉细胞壁通透性改善的研究. 食品科学, 30 (23): 246-251.
苏松坤, 陈盛禄, 林雪珍, 等. 1999. 蜂花粉中延衰因子 SOD 的研究. 中国蜂业, (1): 7-9.
王维义, 胡军祥, 沈卫斌, 等. 1985. 花粉抑瘤作用及其机制的探讨. 中国蜂业, (2): 1-3.
王忠俊. 2008. 花粉酒生产工艺: 中国, CN101245300.
余颂涛, 陈伟, 金道山, 等. 1988. 玉米花粉的药理作用. 中国中药杂志, 13 (12): 44.
袁洪生, 郑传海, 杜锦珠. 1988. 蜜源花粉的酶类与氨基酸成分研究. 北京大学学报(自然科学版), (4): 100-105.
张红城, 程蒙, 董捷, 等. 2009a. 六种蜂花粉中酶活性的研究. 食品科学, 30 (21): 229-233.
张红城, 董捷, 曲臣, 等. 2009b. 八种蜂花粉中脂肪酸的测定及 GC-MS 分析. 食品科学, 30(24): 419-424.
张红城, 董捷, 任向楠, 等. 2008. 四种蜂花粉中植物甾醇的 GC-MS 分析. 食品科学, 29(12): 522-524.
张红城, 董捷, 任向楠, 等. 2009c. 纤维素酶对油菜蜂花粉细胞壁通透性改善的研究. 食品科学, 30 (19): 70-73.
张红城. 2013. 蜂花粉成分研究进展. 全国花粉资源开发与利用联络组: 第十二届全国花粉资源

开发与利用研讨会.
张全龙. 1999. 花粉破壁率测定方法介绍. 药学与临床研究, 7 (1): 44-45.
张雨, 李艳芳, 周才琼. 2006. 花粉主要营养成与保健功能. 蜂产品加工与利用, 57 (8): 31-32.
张智维, 杨辉, 王旭. 2005. 超声波对油菜花粉破壁作用的研究. 食品工业科技, 26 (3): 65-66.
浙江大学. 2009. 可见和近红外光谱的蜂花粉品种鉴别方法: 中国, CN101614663.
周顺华, 陶乐仁, 徐斐, 等. 2002. 用液氮淬冷法进行花粉破壁的实验研究. 上海理工大学学报, 24 (3): 233-237.
Auclair J L, Jamieson C A. 1948. A qualitative analysis of amino acids in pollen collected by bees. Science, 108 (2805): 357-358.
Habib F K, Ross M, Buck A C, et al. 1990. *In vitro* evaluation of the pollen extract, cernitin T-60, in the regulation of prostate cell growth. British Journal of Urology, 66 (4): 393.
Heslop-Harrison J. 1975. Incompatibility and the pollen-stigma interaction. Annual Review of Plant Physiology, 26 (1): 403-425.
Heslop-Harrison J. 1987. Pollen germination and pollen-tube growth. International Review of Cytology, 107 (6): 1-78.
Stanley R G, Linskens H F. 1974. Pollen. Berlin, Heidelberg: Springer.

第六章　蜂巢的加工与应用

第一节　蜂巢的生产

一、蜂 巢 简 介

蜜蜂巢脾是指由蜜蜂筑造的双面布满横切面为六角形的巢房的脾状蜡质结构，是蜜蜂栖息、繁衍育子、贮存食物的场所。在采收蜜蜂巢脾后，应除去巢脾中已经死亡的蜜蜂和蜂蛹后晒干，并置于干燥通风处，以使其干燥、不腐坏。保存良好的蜜蜂巢脾通常呈灰黑色或黑褐色，时间越久的蜜蜂巢脾其颜色越深，蜂房的房壁也会越厚。气味淡，有略微的蜂王浆辛辣味和蜂蜜的香甜味。蜂房表面附有黑白色或灰褐色的蜡质，表面光滑，整体重量很轻，略微有弹性，处于温度较高的环境中时巢脾会变软变黏，有一定的可塑性（闫亚美等，2006）。图 6-1 所示为实验用的蜜蜂巢脾。

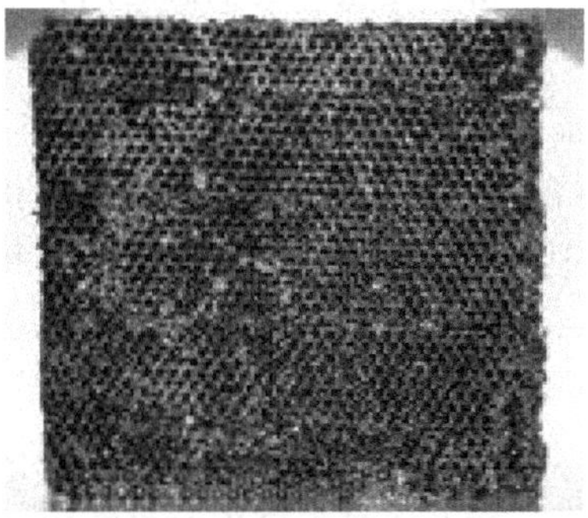

图 6-1　蜜蜂巢脾

二、蜂巢的成分

蜜蜂巢脾包含了蜜蜂及蜜蜂分泌物的所有成分，包括蜂蛹的茧衣、蜂蜡、蜂胶、蜂蜜、蜂花粉、蜂王浆等，因为这些成分在蜜蜂的生存活动过程中不断地浸润在蜜蜂巢脾中，致使其成分非常复杂。大量文献表明，蜜蜂巢脾中含有丰富的氨基酸、游离酸类、色素、鞣质、蛋白质、多肽、烃类、甾醇类、多糖、苷类化合物及酚类化合物等成分。此外，蜜蜂巢脾中的锌、硅、锰、钾和铜等微量元素含量亦较为丰富。

由于蜜蜂种类、产地、采收季节、贮存方式等因素影响，蜂巢的成分可能会存在一定的差异性，现有的对蜜蜂巢脾成分的鉴定还很少，更多的研究是对中药材露蜂房（马蜂巢）中各种提取物成分的定性分析。王伟等（2008）利用核磁共振波谱和液质联用技术，对中药露蜂房的甲醇提取物进行了分离，鉴定出 13 种物质。何江波等（2011）采用硅胶、葡聚糖凝胶和反相硅胶等色谱方法分离化合物，并通过波谱数据和理化性质鉴定化合物结构，对露蜂房的 95%乙醇提取物的醋酸乙酯部分进行研究，分离鉴定得到了16种化合物。范家佑和郁建平（2010）利用气相和质谱联用技术对露蜂房的乙醚提取物中的挥发性成分进行了分离，共鉴定出了28种物质，其中烃类化合物占检出成分的70%以上，并检测出这些组分在挥发性成分中的相对百分含量。闫亚美（2007）对蜜蜂巢脾的挥发油组分进行了分离鉴定，共鉴定出47种化合物，包括酯类化合物、烃类化合物、芳香醇类及酮类化合物等物质，并使用面积归一法计算出各组分在蜜蜂巢脾挥发油中的相对百分含量。

第二节 蜂巢的加工

蜂巢是蜜蜂的栖息之所，也是其产卵育虫、繁衍后代的地方，更是蜜蜂用来贮存食物，如蜂王浆、蜂蜜和蜂花粉等的地方，因而这些成分必然会浸润蜂巢，而使其含有这些成分。《神农本草经》中把“蜜蜡”列为药中上品，而蜜蜡就是指蜂巢。众多研究已证明，蜂巢提取物有抗菌、提高自身免疫力等作用，因而具有很好的市场前景。下面就对几种常见的蜂巢类产品做简要阐述。

一、蜂巢素的加工工艺

这里介绍一种制备蜂巢素的加工工艺。

操作方法：①将旧巢脾用清水冲洗干净，置于不锈钢锅中，加入等重量的水，煮沸1～2h，倒入12目的绢纱袋中，经榨蜡器压榨，滤出熔化的蜂蜡和水煮液，流入容器中收集，冷却至蜂蜡凝固后，取出浮在上面的蜡块，并将水煮液倒出另置，留待下步浓缩加工；②将上面步骤中的蜡块刮去底部的蜡渣后，置于不锈钢锅中，再加约等量的水，重新加热至蜂蜡完全熔化，经12目绢纱过滤，放于广口容器中冷却至蜂蜡凝固，再次分离蜡块与水煮液，余下的水煮液依旧留待下步浓缩加工，刮去底部蜡渣后的蜡块即为原料蜂蜡；③将上面步骤分离出的蜡渣置于不锈钢锅中，再加与蜡渣大约等重的水煮沸1～2h，倒入12目绢纱袋中重新压榨过滤，将蜡渣中残留的蜂蜡与茧衣中未溶出的物质进一步提取出来，可视蜡渣中的蜂蜡残留情况，决定重复煮提的次数；④将上面步骤中的水煮液收集合并，经60目绢纱过滤，放置沉淀12h，取上清液再经中速过滤，将过滤液置于不锈钢锅中，在常压下以90～95℃熬煮，浓缩至比重为1.38～1.40的稠膏，即为蜂巢水溶液浸膏；⑤取老巢脾蜜放置于不锈钢锅中，按2份老巢脾蜜和1份水的比例向不锈钢锅中加水，再倒入12目的绢纱袋中，经榨蜡器压榨，经压榨的老巢脾蜜流入容器中，经过滤后装桶备用；⑥将第五步收集的老巢脾蜜与第四步的蜂巢水溶液浸膏按1∶2放入组配器，向组配器中加入蜂胶浓缩液和蜂蜜，启动组配器使老巢脾蜜、蜂巢水溶液浸膏、蜂胶浓缩液和蜂蜜充分搅拌均匀，再将混匀后的老巢脾蜜、蜂巢水溶液浸膏、蜂胶浓缩液和蜂蜜置于真空浓缩器中于42℃进行浓缩，即得到蜂巢素。

二、蜂巢醋的加工工艺

这里介绍一种制备蜂巢蜡的加工工艺，配方为薏仁米0～8份，黑米0～8份，大枣0～2份，蜂巢2～12份。

操作方法：①蜂巢液的提取。以重量计取蜂巢1份，加水2.5～5份，加热至沸腾，过滤得到第一次滤液，滤渣再加水2.5～5份，加热至沸腾，过滤得到第二次滤液，滤渣再加2～4份水，加热至沸腾，得到第三次滤液。②按上述比例将薏仁米、黑米、大枣洗净后，加入以重量计2倍量的40～60℃温水浸泡10～12h，将浸泡的料装进蒸笼，大火加热蒸熟，将蒸熟的薏仁米、黑米、大枣放在凉台上摊开50～55℃。③向蒸熟的料中加入蜂巢提取液中的第一次滤液，拌入α-淀粉酶和糖化酶、酿酒酵母（*Saccharomyces cerevisiae*），保持料温28～30℃发酵3天，待发酵料中酒香浓郁，用净水调整发酵醪酒精度为3.0～5.5g/100ml。④向酒精发酵醪中加入乙酸菌（*Acetobacter*），在35～40℃温度下控温发酵5～10天，直到发酵醪中的总酸度达到5g/100ml，并且不再升高。取其中2/3的生醋，调整酸度为3.5～5.0g/100ml，加热至90℃保持10～30min，经过滤，趁热装瓶，封盖。

三、蜂巢蚊香的加工工艺

这里介绍一种蜂房川楝子电热液体蚊香的制备方法。

操作方法：①称取下述重量份的各中药组分，川楝子70～80份、蜂房20～25份、芫花3～6份、白芷1～3份、榆树皮15～25份、檀香1～3份、金银花4～6份、西红花1～3份、藜芦2～4份和党参0.5～1.5份。粉碎，混合均匀，得到中药组合物。②将水加入上述中药组合物中，水的加入量为中药组合物总重量的6～8倍，于70～90℃煎煮0.5～2.5h，过滤，浓缩，得到中药组合物浓缩液，所述中药组合物浓缩液的重量为中药组合物总重量的1～3倍。③将100重量份的正十五烷、1～3重量份的上述中药组合物浓缩液和0.03～0.06重量份的胡椒基丁醚搅拌混合均匀，即可制得本蜂房川楝子电热液体蚊香。

第三节　蜂巢的应用

一、蜂巢的主要功能

蜂巢脾作为中国传统的中药材，应用于中医治疗疾病的历史十分久远。在中医中，蜂巢脾被认为有清热解毒、祛风通络、攻毒疗疮、消肿散结的功效。从我国古代开始，蜂巢脾就一直被用于治疗肺系疾病、痛风、类风湿性关节炎、恶性肿瘤等难以治疗的疾病。目前，已有大量科学实验研究证明，蜂巢脾及其组分均具有抑菌、抗氧化、抗炎、抗肿瘤、提高免疫力、抗龋齿、降血脂、预防心血管疾病等功效作用（倪士峰等，2009；匡邦郁，1979）。

（一）抑菌作用

褚亚芳和胡福良（2011）对意大利蜜蜂巢脾、中华蜜蜂巢脾的水提取液和乙醇提取液的抑菌作用进行了实验研究。结果表明，所有巢脾的提取物对大肠杆菌和金黄色葡萄球菌均有抑制作用，且抑菌效果呈现出对样品浓度的依赖性。巢脾提取物对大肠杆菌的抑制作用较弱，相反对金黄色葡萄球菌则体现了很强的抑菌活性，意大利蜜蜂蜂巢水提物的抑菌能力最强。左渝陵等（2005）对蜂巢的乙醇提取物对口腔常驻产酸细菌的抑制能力进行了研究，结果证明，蜂巢的乙醇提取物对变形链球菌、血链球菌和黏性放线菌均能明显抑制它们的产酸能力。同时，蜂巢的水提物对痢疾杆菌、伤寒杆菌、沙门氏菌、绿脓杆菌等细菌有很强的抑制效果。此外，有报道表示蜂巢的水提物还可对真菌体现抑制作用，如对串珠菌、黄曲霉等真菌有抑制作用。

（二）抗炎作用

蜂巢脾具有良好的抗炎作用，在治疗鼻炎、肝炎等方面有明显的疗效，也作为药物配伍在治疗关节炎、哮喘、皮肤病的过程中起到了很大的作用。研究表明，中华蜜蜂巢的水提物呈现剂量的依赖性，剂量越高，水提物抑制耳肿胀的能力就越强。意大利蜜蜂巢脾的水提液能够显著抑制由二甲苯引起的小鼠耳肿胀，但没有显示出有剂量的依赖性。同时，两种蜂巢脾的水提物能够在炎症的不同时期有效降低由角叉菜胶诱导的小鼠足肿胀程度和炎症组织中的前列腺素 E2（PGE2）的含量，说明蜜蜂巢脾的水提物具有良好的抗炎作用。闫亚美（2007）使用大鼠作为动物实验模型，建立了大鼠变应性鼻炎（AR）模型对蜜蜂巢脾醇提物和蜜蜂巢脾挥发油治疗鼻炎的效果进行了研究。结果显示，蜜蜂巢脾的醇提物和挥发油均能够很好地减缓 AR 局部症状，改善炎症局部鼻黏膜水肿，降低肥大细胞和嗜酸性细胞等免疫细胞对局部炎症的浸润，表明蜜蜂巢脾的醇提物和挥发油均具有很好的抗鼻炎活性，其中挥发油的效果相比较更佳。

（三）提高免疫力作用

赵红霞等（2016）采用小鼠动物模型研究了蜜蜂巢脾提取物对免疫器官的影响，以蜜蜂巢脾水提物、醇提物和挥发油作为研究对象，测得蜂巢的不同提取物可直接促使胸腺和脾细胞增殖，提高小鼠的胸腺指数和脾指数，表明蜂巢提取物对促进小鼠细胞免疫和体液免疫两方面起到一定的帮助作用。

（四）降血脂作用

赵红霞等（2015）的研究表明，蜂巢水提物可明显降低患有高血脂病症的大白鼠血清中的总胆固醇和甘油三酯的含量，具有良好的降血脂效果。同时，二十八烷醇作为蜜蜂巢脾蜂蜡中所含的组分也有良好的降血脂作用。Kato 等（1995）以小鼠作为动物实验模型，在饲喂小鼠高脂肪食物的同时，在饲料中加入二十八烷醇（10g/kg），于 20 天后测量小鼠的各项指标。结果发现，小鼠的肾周脂肪细胞数量并未减少，而肾周脂肪组织的重量有了极显著的降低，同时，二十八烷醇对小鼠附睾脂肪组织和肝中的脂肪没有产生影响。此外，二十八烷醇还可以显著降低小鼠血浆中甘油三酯的含量，说明二十八烷醇对脂肪代谢有一定影响，可有效降低血脂含量。

（五）抗氧化作用

有研究报道，蜜蜂巢脾具有一定的抗氧化能力，蜜蜂巢脾的水提物和乙醇提取物具有良好的清除 DPPH 自由基的作用，具有较高的抗氧化活性（程茂盛等，2012）。

侯爽等（2011）从总抗氧化力、还原力、清除 DPPH 自由基、清除超氧阴离子及清除羟自由基能力 5 方面对蜜蜂巢脾的 6 种醇提物进行了较为全面的体外抗氧化活性研究，并根据这 5 项抗氧化指标综合评价了蜜蜂巢脾醇提物的体外抗氧化性能，获得的结果如表 6-1 所示。抗氧化实验结果证明，6 种不同浓度乙醇的提取物均有较强的综合抗氧化能力，其综合抗氧化能力由大到小依次为 50%醇提物＞75%醇提物＞25%醇提物＞水提物＞95%醇提物＞100%醇提物。进而表明蜜蜂巢脾醇提物是一种优良的天然抗氧化剂。

表 6-1　蜜蜂巢脾醇提物综合抗氧化性能评价

提取物种类	总抗氧化力	还原力	DPPH 自由基清除能力	·OH 清除能力	O_2^{-}·清除能力	Qi
50%醇提物	1	1	1	4	1	8^a
75%醇提物	2	2	2	1	2	9^a
25%醇提物	3	3	4	3	4	17^b
95%醇提物	5	4	5	2	3	20^b
水提物	4	5	3	6	6	24^b
100%醇提物	6	6	6	5	5	28^c

注：1. 根据表中列举的 6 种醇提取的 5 种指标总抗氧化力（TEAC）、还原力、DPPH 自由基清除能力、O_2^{-}·清除能力及·OH 清除能力打出 1～6 分，抗氧化能力最强的打 1 分，最低的打 6 分；Qi 表示同种样品的不同分数的总和。2. 每列中不同小写字母代表本列数据之间有显著性差异（$P<0.05$）

（六）其他作用

蜂巢脾具有抗龋齿的作用。Guan 等（2012）通过体外抗菌模型，发现蜂巢脾的不同提取物对龋齿致病菌（如内氏放线菌、黏性放线菌、乳酸杆菌和变形链球菌等）的产酸能力有很好的抑制作用，有助于预防龋齿。但对抗龋齿的机制尚不明确。

蜂巢脾的重要组成部分蜂蜡中含有二十八烷醇，这种高级长链碳醇具有提高小鼠耐缺氧能力和防止其心肌受伤的作用。惠锦等（2007）利用小鼠急性缺氧存活时间模型，研究了二十八烷醇对生物体的耐缺氧时间的影响。结果表明，二十八烷醇能够显著提高小鼠的耐缺氧能力，但剂量过大时会削减耐缺氧时间。于长青和张国海（2003）建立了大鼠力竭模型，以饲喂二十八烷醇水溶液设立处理组，在大鼠无负重游泳力竭之后测定其心肌指标。结果表明，二十八烷醇可显著抑制力竭运动中 SOD 与 GSH-Px 活性的降低，Ca^{2+}浓度和脂质过氧化反应也得到了有效的抑制，说明二十八烷醇能够有效保护心肌，防止心肌损伤。

此外，有研究采用雄性去势小鼠建立动物实验模型，对蜂巢脾水提液、醇提液和正丁醇提取液对小鼠附性器官的影响进行了研究，连续对小鼠灌胃 14 天后，摘取附性器官进行称重。实验结果表明，蜂巢脾提取物均能够增加小鼠附性器官的重量，说明蜂巢脾具有雄性激素样作用。

二、蜂巢在食品工业中的应用

在我国，蜂巢长期以来是作为中药来使用的。同时，蜂巢中含有丰富的营养物质，是一种具有良好开发潜力的天然健康食品。如今，越来越多的科研机构和食品企业正着眼于蜂系列保健品的加工及其市场需求调研，以及在传统食品和保健食品生产加工技术的基础上拓展以蜂巢为原材料的新型健康食品的研制开发，如蜂巢粉、蜂巢茶、蜂巢精膏等产品。

参 考 文 献

安徽省宿松县刘氏蜂产品有限责任公司. 2012. 蜂巢素加工工艺: 中国, CN102423032.
程茂盛, 殷玲, 吉挺, 等. 2012. 3 种蜜蜂巢脾抗氧化活性的比较研究. 安徽农业科学, 40(12): 7189-7191.
褚亚芳, 胡福良. 2011. 蜜蜂巢脾抗氧化活性与抗菌活性的研究. 天然产物研究与开发, 23(4): 726-729.
范家佑, 郁建平. 2010. 露蜂房挥发性成分分析. 山地农业生物学报, 29 (4): 368-370.
何江波, 刘光明, 程永现. 2011. 蜂房化学成分研究. 中草药, 42 (10): 1905-1908.
侯爽, 董捷, 张根生, 等. 2011. 蜜蜂巢脾醇提物的抗氧化活性研究. 食品科学, 32 (21): 112-117.

惠锦, 刘福玉, 高文祥, 等. 2007. 二十八烷醇对小鼠耐缺氧作用的实验研究. 西南国防医药, 17(2): 143-145.

江苏大学. 2011. 蜂巢醋及其制备方法: 中国, CN101942381A.

匡邦郁. 1979. 蜜蜂产品成分及其在医疗上的应用. 浙江中医药大学学报, (5): 38-39.

倪士峰, 刘惠, 李传珍, 等. 2009. 蜂房药学研究现状. 云南中医中药杂志, 30 (5): 71-73.

王伟, 赵庆春, 安晔, 等. 2008. 中药蜂房的化学成分研究. 中国药物化学杂志, 18 (1): 54-55.

许银亚. 2012. 蜂房川楝子电热液体蚊香及其制备方法: 中国, CN102428970.

闫亚美, 吴珍红, 缪晓青. 2006. 蜜蜂巢脾及其开发利用. 山东中医杂志, 25 (8): 555-558.

闫亚美. 2007. 蜜蜂巢脾挥发油及其治疗 AR 的药效学研究. 福建农林大学硕士学位论文.

于长青, 张国海. 2003. 二十八烷醇抗大鼠心肌线粒体损伤的研究. 中国食品添加剂, (2): 35-37.

赵红霞, 黄文忠, 陈华生, 等. 2016. 蜜蜂巢脾提取物对小鼠免疫调节作用的影响. 天然产物研究与开发, 28 (1): 125-130.

赵红霞, 黄文忠, 邹宇晓, 等. 2015. 蜜蜂巢脾提取物的降血脂研究. 天然产物研究与开发, 27 (6): 1042-1046.

左渝陵, 谢倩, 李继遥, 等. 2005. 天然药物蜂房化学成分提取物对口腔细菌生长的实验研究. 中国微生态学杂志, 17 (1): 23-24.

Guan X, Zhou Y, Liang X, et al. 2012. Effects of compounds found in *Nidus Vespae*, on the growth and cariogenic virulence factors of *Streptococcus mutans*. Microbiological Research, 167 (2): 61.

Kato S, Karino K, Hasegawa S, et al. 1995. Octacosanol affects lipid metabolism in rats fed on a high-fat diet. British Journal of Nutrition, 73 (3): 433.

第七章　蜂类其他产品的加工与应用

第一节　蜂蜡概述与应用

一、蜂 蜡 简 介

蜂蜡（beeswax）又称黄蜡、蜜蜡，是由蜜蜂蜡腺分泌得到的一种产品。对蜂蜡作用及其应用的探索，自古以来便受到人类的广泛关注。如古埃及人用蜂蜡来祭神。公元前1204年～公元前1173年拉美西斯三世时期的一本草纸书里，记载了国王捐助大量蜂蜡作为祭金的事实。古希腊历史学家希罗多德声称，波斯人用蜂蜡涂布死者，然后再进行埋葬。从古代起直到中世纪，大多数国家或地区的书写板均是采用涂以蜂蜡的木板制作的。古罗马自然科学家和作家普林尼及古希腊诗人荷马、古罗马诗人卡塔拉斯都曾经提到以涂蜡帆布作纸张使用。许多个世纪以来，画家都曾使用过蜂蜡颜料来绘制壁画。据史料查证，意大利于1706年挖掘庞贝古城时，从富人的房子里发现了用蜂蜡颜料所绘的壁画。尽管因火山爆发其被埋葬了近18个世纪，但这些壁画仍完好无损，光彩夺目。近几个世纪以来，蜂蜡还被广泛地用来制作模型和雕塑，并在油彩生产中占有重要地位。现如今，蜂蜡已被应用在工业和医疗等领域中，并越来越受到人们的重视。

二、蜂蜡的成分及理化性质

蜂蜡是一种复杂的有机混合物，主要成分是高级脂肪酸和高级一元醇所形成的酯类。蜂蜡因产地、蜂种、类别及加工方法的不同，其化学成分会存在一定的差异性。蜂蜡在常温下呈固体状态，具有独特的香味、可塑性和润滑性。纯蜂蜡在咀嚼时不粘牙，咀嚼后呈白色，没有油脂味。将蜂蜡剖开时，断面有许多细微颗粒的结晶体。贮存于较低温度下的蜂蜡，其表面经常会产生粉状的“蜡被”。蜂蜡在20℃时的比重为0.956～0.970。加热时，已熔化的蜂蜡较未熔化的蜂蜡比重稍低。蜂蜡的熔点随来源不同有所差异，但一般都为62～68℃。熔化的蜂蜡在比熔点低0.1～2℃时开始转变为固态，这时的温度称为凝固点温度。蜂蜡不溶于水，略溶于冷乙醇，在四氯化碳、氯仿、乙醚、苯、二硫化碳里则完全溶解。

蜂蜡的乙醇溶液对蓝色石蕊试纸呈微红色反应。蜂蜡乙醇溶液内加酚酞指示剂并加入少量弱碱时，会发生粉红色反应，而后迅速褪去。蜂蜡乙醇溶液中掺入水时，不出现混浊现象，而呈淡红色。燃烧1kg蜂蜡可产生42 486kJ热量，燃烧

100g 蜂蜡可使 12kg 室温下的水达到沸腾。

三、蜂蜡的应用

蜂蜡由多种有机混合物组成，因而能与植物蜡、矿物蜡、动物油、脂肪酸、甘油酯等溶合在一起。此外，蜂蜡还具有韧性好、绝缘性强、防水、防潮、防腐等特性。因此，在医药、电子、机械、光学仪器、化工、纺织、食品、农林及养蜂业等领域均有所应用（陈惟馨，2006）。

（一）蜂蜡在医药领域中的应用

在医药领域，蜂蜡可用于蜂蜡疗法，其对于肌肉、肌腱、韧带扭伤和挫伤都有一定的治疗效果；也用于药品的包装、药物制剂的包衣及制作膏剂。此外，还被应用于口腔医学（李光等，2010）。

（二）蜂蜡在农业、养蜂业、果林业领域中的应用

在农业中，蜂蜡可用于生长刺激素的制备；在养蜂业中，蜂蜡被用来制作蜂巢；在果林业中，可将蜂蜡用于果树的接木蜡和害虫黏着剂。

（三）蜂蜡在轻化工领域中的应用

在轻化工领域，蜂蜡是制造化妆品、戏剧油彩、彩色铅笔、油墨、蜡光纸、皮鞋、上光蜡及烫蜡家具等的原料。

（四）蜂蜡在光学仪器和电器领域中的应用

在光学仪器和电器领域，蜂蜡可用于制造光学仪器和电器。

（五）蜂蜡在机械工业领域中的应用

在机械工业领域，蜂蜡可用作防腐和防锈、润滑剂、失蜡浇铸材料等的原料。

（六）蜂蜡在食品加工业领域中的应用

在食品加工业领域，蜂蜡可用于制作食品涂料、食品包装纸、食品外衣。

（七）蜂蜡在纺织、印染业领域中的应用

在纺织、印染业领域，蜂蜡是制作蜡线、通丝、防雨布、蜡印花布等的原料。

第二节　蜂毒概述与应用

一、蜂 毒 简 介

蜂毒是工蜂在遇到攻击时通过螫针释放的毒液，存在于工蜂的毒囊内。我国传统医学中用蜂毒来治疗风湿及类风湿性关节炎、肩周炎等疾病已有悠久历史，且获得了良好的疗效。蜂毒是具有高度生物学活性和药理学活性的复杂混合物，成分主要以肽类为主，有蜂毒肽、蜂毒明肽、肥大细胞脱颗粒肽等 10 余种活性肽。此外，还有透明质酸酶、蜂毒磷脂酶 A2 及组胺等 50 多种酶类物质。其中，蜂毒肽（melittin）约占蜂毒干重的 50%，是蜂毒的主要成分，具有高度的药理作用和生物学活性，可以通过多途径来影响细胞的信号转导系统，并可诱导细胞凋亡，有抗风湿、神经阻滞、抗菌、抗病毒、抗炎等方面的作用。近年来，研究还发现蜂毒具有抗肿瘤及抗人类免疫缺陷病毒（HIV）的作用（丁志贤，1996）。

二、蜂毒的成分及理化性质

蜂毒呈透明液体状，具特殊芳香气味，味苦，呈酸性反应，pH 为 5.0～5.5，比重为 1.1313。常温下很快便挥发干燥至原液体重量的 30%～40%，这种挥发物的成分含有至少 12 种以上的可用气相色谱分析法鉴定的成分，包括以乙酸异戊脂为主的报警激素。但由于该物质在采集和精制过程中极易散失，因而通常在述及蜂毒的化学成分时可被忽略。蜂毒极易溶于水、甘油和酸，不溶于乙醇。蜂毒的性质不稳定，容易染菌和变质，只能保存数天。当加热到 100℃经 15min 时组分被破坏，当加热到 150℃时，则毒性完全丧失。蜂毒可被消化酶类和氧化物破坏，在胃肠消化酶的作用下，很快便失去活性，这是因为蜂毒中很多的生物活性成分为肽类物质，易被蛋白酶分解。此外，氧化剂能迅速破坏蜂毒的生物活性，醇可降低其活性。碱与蜂毒有强烈的中和作用，苦味酸、酪酸、苯酚及某些防腐剂都可与蜂毒发生反应，所有的生物碱沉淀剂也能和蜂毒发生作用。干燥的蜂毒稳定性强，加热至 100℃经 10 天仍不会失去其生物活性，冰冻也不会降低其毒性。在封闭严密和干燥的条件下，蜂毒可保持其活性达数年之久。

蜂毒中含水分 80%～88%，干物质中的蛋白质类占 75%，灰分占 3.67%，含钙、镁、铜、钾、钠、硫、磷、氯等多种元素。近几十年来，各国学者在研究蜂毒方面已做了大量的工作，证明蜂毒是一种成分复杂的混合物，目前已知含有若干种蛋白质、多肽、酶类、生物胺和其他物质。其中，酶类及生物胺含量不高，蜂毒以蛋白质、多肽为主要组分。由于多肽与蛋白质的界限在蜂毒中不那么清晰，某些目前认为是多肽的组分，很可能具有蛋白质的特殊构象，只是由于目前对作为蛋白质应具有的三级结构还没有弄清，故习惯上将其称为多肽。这些多肽各具特殊的生物活性，且对局部构象的要求非常特殊，这也是蛋白质的主要特点，因此有理由将蜂毒的活性成分看成是一组特殊的蛋白质（高丽娇和吴杰，2013；刘红云和童富淡，2003）。

三、蜂毒的应用

（一）蜂毒的主要功能

1. 对神经系统的作用

蜂毒具有神经毒性，在大脑网状组织上具有阻滞作用和溶胆碱活性，并能改变皮层的生物电活性，尤其是蜂毒肽对N-胆碱受体具有选择性阻滞作用，可使中枢神经系统突触内兴奋传导阻滞，并表现出中枢性烟碱型胆碱受体阻滞作用。此外，蜂毒肽还能抑制周围神经系统冲动传导。

2. 对心血管系统的作用

蜂毒具有明显的降血压和扩张血管的作用，小剂量能使实验动物离体心脏产生兴奋，而大剂量则能抑制心脏功能。体内外实验研究发现，蜂毒能促进细胞组胺的释放。蜂毒中释放组胺的成分包括蜂毒肽（melittin）、磷脂酶 A（PLA）、肥大细胞脱颗粒肽[M（1）]。其中，melittin 破坏肥大细胞释放出组胺；PLA 促进卵磷脂转变为溶血卵磷脂，后者使肥大细胞内颗粒与细胞膜融合，释放出内容物；强碱性的 M（1）可直接与肥大细胞膜上的钙通道蛋白酸性侧链基团发生反应，导致钙通道开放。钙向细胞内流动，使肥大细胞脱颗粒。M（1）释放组胺的能力达 melittin 的 10～100 倍。

3. 对血液的作用

蜂毒具有溶血和抗凝血作用，治疗剂量极少引起溶血反应，但较大剂量能使血液凝固时间明显延长。蜂毒直至稀释为 1/10 000 时，其溶血作用才消失。蜂毒的溶血成分主要为 PLA 和 melittin，其中以 melittin 的作用更强。机制为胶体渗出性溶血，即 melittin 使红细胞壁通透性增强，胞内胶体大量渗出，红细胞因内部渗透压降低而破裂。另外，蜂毒还能够降低血栓素，在改善微循环的基础上起到缓解关节症状的作用。

4. 抗炎镇痛作用

蜂毒中的单体多肽是抗炎的主要成分，具有类激素样的作用，但无激素的不良反应。全蜂毒、溶血毒多肽、神经毒多肽、MCD-多肽均能刺激垂体-肾上腺系统，使皮质激素释放增加而产生抗炎作用。溶血毒多肽还能够抑制白细胞的移行，从而抑制局部炎症反应。此外，蜂毒的镇痛作用特别显著，尤其是对慢性疼痛更为有效。蜂毒肽对前列腺素合成酶的抑制作用是吲哚美辛的 70 倍，因而有较好的镇痛抗炎作用，镇痛强度是吗啡的 40%，是安替比林的 68 倍，镇痛作用的持续时间亦较长，且没有水杨酸类对消化道的刺激和甾体类的免疫抑制作用。另外，安度拉平（Adolapin）是 20 世纪 80 年代从蜂毒中分离出的一种抗炎镇痛多肽，对后足角叉菜胶水肿和前列腺素 E 水肿有强力的抗炎作用，其对脑前列腺类合成酶的抑制作用约为苄达明的 70 倍，这种抑制作用是产生抗炎作用的基本机制。

5. 抗菌和抗辐射作用

蜂毒能抑制 20～30 种革兰氏阳性和阴性病原微生物的生长繁殖，并能对抗对青霉素耐药的金黄色葡萄球菌，还能增强磺胺类和青霉素类药物的抗菌能力。

蜂毒的辐射防护效应主要是引起神经内分泌反应，增强机体抗辐射作用。现已有众多关于蜂毒抗 X 射线、抗 γ 射线作用的研究报道。

6. 对内分泌系统的作用

蜂毒对垂体-肾上腺皮质系统有明显的兴奋作用，能使肾上腺皮质激素和促肾上腺皮质激素（ACTH）释放增加，进而起到抗风湿性、类风湿性关节炎的作用。

7. 对免疫系统的影响

蜂毒对免疫系统具有直接抑制作用。成分蜂毒肽（melittin）和蜂毒明肽（apamin）能降低使小鼠产生溶血素的腺细胞数量，但是小鼠去肾上腺后，蜂毒对其免疫系统呈现刺激作用。由此可推断，蜂毒肽和蜂毒明肽是通过刺激肾上腺的相关皮质，增加了皮质激素的分泌，以达到抑制免疫的目的。

（二）蜂毒在临床中的应用

蜂毒疗法是由民间蜂蜇治疗关节炎的方法与中医经络学理论相结合发展而成的一种针、药、灸三者结合的复合疗法。目前，已有蜂散痛、蜂特灵和蜂毒注射液等多种蜂毒制剂，并在临床中得到广泛应用。

1. 用于治疗神经痛等神经系统疾病

蜂毒肽能够提高疼痛阈，有较好的镇痛作用。临床中将其用于对三叉神经痛、坐骨神经痛、偏头痛等的治疗，具有消炎止痛、活血化瘀、见效快、疗效可靠的特点。糖尿病性神经病变是糖尿病患者临床常见的并发症之一，发病率高达 60%～90%，主要表现为对称性或非对称性的双下肢、上肢、全身肌肉呈针刺样、烧灼样痛，感觉异常，有蚁走等症状。临床应用蜂毒治疗后，效果良好，认为与蜂毒具有扩张血管、改善血小板凝集性、减少糖蛋白沉积作用有关。蜂毒的抗凝和纤溶作用证明，蜂毒在体内促进血液纤溶活性强化，清除血栓形成前状态，对脑卒中后遗症、老年性痴呆有较好的治疗作用。老年性痴呆的发病率逐年增多，国内外尚无特效药物，蜂产品及蜂毒能清除体内自由基，增加脑部血液循环，改善脑部功能，调节神经系统紧张度，使脑皮质活动正常化，调节物质代谢，从而促进神经本身的修复功能。此外，研究发现蜂毒制剂对神经根炎、神经根神经炎、神经丛炎、面神经麻痹、颈椎病、癌性神经痛等神经系统病变均有较好的治疗效果（丁志贤，1999；靳英，2008）。

2. 用于治疗风湿性和类风湿性关节炎

目前，非甾体类药物配合甾体类药物是治疗风湿性和类风湿性关节炎的主要措施，这些药物可短期抑制炎症发展和减轻症状，但不能收到长期效果。而且，长期摄入这些药物还会引起胃肠溃疡、肾受损等一系列毒性作用。自 18 世纪以来，关于使用蜂毒治疗风湿病和类风湿病的报道已屡见不鲜，至今尚未见一例否定蜂毒对其疗效的报道。蜂毒中的多肽具有抗炎作用，能降低毛细血管的通透性，抑制白细胞移行，抑制前列腺素 E2 的合成，并能兴奋肾上腺皮质功能。蜂毒治疗风湿性关节炎和类风湿性关节炎，具有起效快、疗效可靠、耐受性好等特点（龚雁等，2013；靳英，2008）。

3. 用于治疗高血压

蜂毒中的磷脂酶 A2（PLA2）具有降压作用，这是通过组织胺的释放改变外周阻力来实现的。有研究表明，蜂毒可用于治疗症状性高血压和高血压病，并对更年期症状性高血压有良好的治疗作用。此外，蜂毒还对心绞痛、血栓闭塞性脉管炎、动脉粥样硬化等心血管系统疾病有一定的疗效（朱金明，2004）。

4. 用于治疗其他疾病

除上述介绍的应用外，蜂毒还可用于治疗红斑狼疮、带状疱疹、硬皮病、花粉症、血管神经性水肿、血管舒缩性鼻炎、痉挛性结肠炎、牛皮癣、遗尿、痛风、甲状腺功能亢进、白塞病、妇科炎症、溃疡病、更年期综合征等疾病（刘红云和童富淡，2003）。

现如今，我们已掌握的科学技术已经可以对蜂毒进行检验分析、加工分离、纯化和生物合成。并且，由于蜂毒来源丰富、不良反应小、功效大，因而可以期待蜂毒的药理作用和治疗价值将会有越发广阔的发展前景。

第三节　蜜蜂躯体概述与应用

一、蜜蜂幼虫、蛹简介

我国食用蜜蜂幼虫、蛹（蜂子）和将其作为药物的历史已有3000多年。早在公元前1200余年的《尔雅》和公元前3世纪的《礼记》中就有关于食用蜂子的记载，“土蜂，啖其子，木蜂，亦啖其子”。此外，还有帝王贵族以蜂宴客，“嚼鶵蜩蜂”的史例。汉代的《神农本草经》中将蜂子列为上品，记有“蜂子主养命，以症火，无毒，久服不伤人，轻身益气。不老延年”。唐代的刘恂著《岭表录撰》中记述有“土蜂子江东人亦啖其子，人亦食其子，然则蜜蜂、土蜂、木蜂，俱可食用，大抵蜂类同科，其性效不相远”。不但明确指出蜂子包括蜜蜂、土蜂、木蜂，同时还阐明它们属于同类，性效相近。明代李时珍著的《本草纲目》和宋代著名医药学家苏颂在《图经本草》也有关于食用蜂子的介绍。

二、蜜蜂幼虫、蛹的成分

蜜蜂幼虫可分为蜂王幼虫、雄蜂幼虫和工蜂幼虫三种。不但每种幼虫的成分不尽相同，就是同一种幼虫，由于采收的日龄不同，其成分也具有差异。下面对前两者的成分做简要介绍。

蜂王幼虫的成分与蜂王浆接近，平均含水量约77%，蛋白质约15.4%，脂肪约3.17%，总糖约0.41%，矿物质约3.02%。据分析，蜂王幼虫里不仅所含的氨基酸种类有18种之多，而且人体必需的8种氨基酸含量比牛肉、牛奶、鸡蛋、黄花鱼等多种食品都高。蜂王幼虫富含的各种氨基酸对机体免疫调节有重要作用。

雄蜂幼虫以蜂王浆和蜂粮为食，其营养成分高于牛奶、鸡蛋。邵有全和袁秀山（1987）对不同发育日龄的幼虫和蛹的主要成分进行了分析。研究发现，10日龄幼虫（从卵算起）含水分73%，干物质27%。干物质中主要营养成分含量为粗蛋白41%、粗脂肪26.05%、碳水化合物14.84%，且氨基酸种类全面。此外，雄蜂蛹的成分种类和雄蜂幼虫的基本相同，只不过含量有所不同。

三、蜜蜂幼虫、蛹的加工

蜜蜂幼虫和蛹在常温下极易腐烂变质，但如果把它们进行深加工，不但可以解决难于保存的问题，而且便于将其作为一种大众化的商品以满足百姓生活、保健的需要，更有利于促进养蜂业的稳步发展。下面简要介绍几种蜜蜂幼虫、蛹的加工方法。

（一）蜂王胎片

蜂王幼虫比鲜蜂王浆更难保鲜，用白酒浸泡，虽可暂存一时，但不适合不会饮酒者服用，且保管、携带都极为不便。而把蜂王幼虫制成蜂王胎片，上述问题便可迎刃而解，杭州牛奶公司曾通过医疗单位将其用于临床研究，实验结果表明效果不减，疗效显著。加工工艺如下：

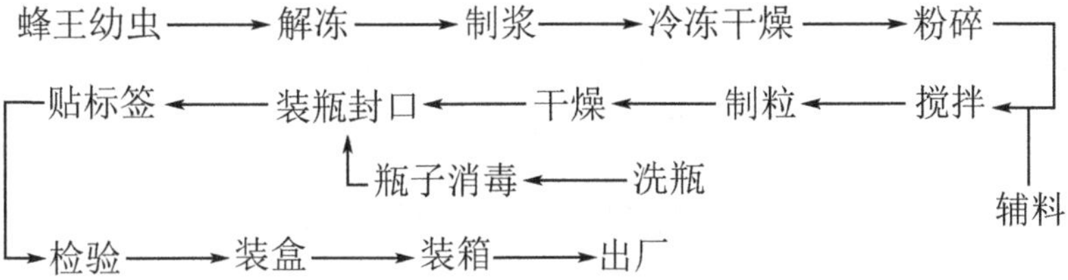

（二）雄蜂蛹粉

新鲜雄蜂蛹冷冻保存效果最好，但冷冻的产品使用或销售前须先解冻，既占体积，又需设备，过程麻烦；盐水烧煮风干保存，一般只能暂时存放数日，货架期过短；添加防腐剂保存，保存时间虽长，但往往有损于原料质量。因而，可把雄蜂蛹制成冻干粉，既能长期保存又便于携带、食用。

这里介绍一种制备雄蜂蛹冻干粉冲剂的具体加工工艺。

操作方法如下。①原料的制备。雄蜂蛹冻干粉——将经挑选、剔除杂质的鲜雄蜂蛹磨成匀浆后冷冻干燥，将冻干后的雄蜂蛹块研磨成蛹粉备用；黄芪流浸膏——将经挑选、剔除杂质的黄芪加水煎煮两到三次，过滤后取其煎煮液，浓缩至流浸膏备用；蜂胶粉、花粉——将蜂胶粉、花粉进行原料检验，过筛及杀菌后备用。②备好上述原料后按配方将淀粉、甜味剂、黄芪流浸膏、雄蜂蛹冻干粉依次送入混合机中混合，待混合均匀后再加入蜂胶粉与花粉继续混合，待上述物料混合均匀后投入制粒机造粒，将获得的颗粒低温烘干后过筛，再按照常规工艺制成冲剂或胶囊，真空包装后即为成品。

（三）蜂幼虫粉

这里介绍一种制备蜂五宝蜜膏的具体加工工艺，配方为蜂蜜 60%～85%、破壁蜂花粉 10%～15%、鲜蜂王浆 3%～10%、蜂王幼虫冻干粉 0.5%～2%、雄蜂蛹冻干粉 0.5%～2%。上述含量是以该混合物总重量计。

操作方法：第一步，蜂蜜原料预处理。将原料蜜倒入融蜜箱去除结晶，然后进行巴氏灭菌，再通过双联过滤器进行过滤，将制得的蜂蜜暂存于洁净的不锈钢贮罐中。水分控制为 19%～22%。第二步，混合物料。①花粉破壁；②蜂王幼虫冻干粉、雄蜂蛹冻干粉过 80 目筛；③将称取的步骤①所得的破壁花粉、步骤②所得的蜂王幼虫冻干粉、雄蜂蛹冻干粉倒入 V 型混合机混合均匀，暂置于不锈钢桶中；④称取第一步处理过的蜂蜜，倒入搅拌机中，开启加热装置，温度设为 60℃，同时开启搅拌装置，使中心物料和外周物料温度均匀；⑤在蜂蜜加热到 60℃时，加入鲜王浆，搅拌均匀；⑥将步骤⑤中的混合物缓慢放出，与步骤③中的粉料混合，并不断搅拌均匀，直至粉料和蜂蜜完全混匀。第三步，均质。①将第二步所得混合物过胶体磨；②调节胶体磨的缝隙细度为 10μm、频率 50Hz；③倒入后先循环 10min，接出部分物料，倒入料斗，如此循环多次，再让物料自动循环；④观察物料细腻程度，至完全没有颗粒感，即可放出。第四步，制得蜂五宝蜜膏。其中，第三步所制得蜂蜜制品的水分含量不大于 20%。

四、蜜蜂幼虫、蛹的应用

对蜜蜂成虫躯体的应用，早在梁代医药家陶弘景就曾有“食蜂可以轻身益气”的论述，但从古至今一直未得到充分利用。究其原因，蜂王一群只有一只，一般不进行淘汰；雄蜂是季节性蜜蜂，只在繁殖季节出现，蜂场一般都限制其产生，数量不多，也就未加以利用；工蜂虽然数量众多，但其为蜂群赖以生存的基础，习惯上只用不杀，连自然死亡的工蜂躯体也作为废物抛弃。我国有 700 余万群蜜蜂，每年可收集蜂尸上千吨，如能加以充分利用，可收获较高的经济和社会效益。

蜜蜂成虫躯体中含有丰富的蛋白质、17 种氨基酸、多种维生素和微量元素，还有合成磷脂酸及组胺的前物质。蜂体是重要的蛋白质原料，加拿大研究人员将蜂体脱水制成蜜蜂粉，并从蜜蜂粉中提取浓缩蛋白质产品，这两种产品的蛋白质含量很高，分别为 56.8%和 64.2%。同时，蜂体还是一种很好的蛋白质饲料。1982 年美国《蜜蜂杂志》报道了将蜂体脱水后研成粉末，用来饲喂 6～11 日龄的火鸡；在 1kg 饲料中添加 150g 蜂体干粉来喂家禽，不但家禽的体重增加了，而且产卵率提高了 10%以上（朱运姣，1995）。

参考文献

北京百花蜂产品科技发展有限公司. 2012. 一种蜂五宝膏的配方及制备方法: 中国 CN102334626.
陈惟馨. 2006. 蜂蜡的应用概述. 明胶科学与技术, 26 (3): 153-158.
丁志贤. 1996. 蜂毒的研究与临床应用进展. 蛇志, (s1): 7-8.
丁志贤. 1999. 蜂毒在神经系统疾病中的研究与应用. 蜜蜂杂志, (5): 26-27.
高丽娇, 吴杰. 2013. 蜜蜂蜂毒主要成分与功能研究进展. 基因组学与应用生物学, 32(2): 246-253.
龚雁, 王金胜, 缪晓青, 等. 2013. 蜂毒治疗类风湿性关节炎的研究现状. 中国蜂业, 64 (z2): 44-47.
靳英. 2008. 蜂毒对心肌收缩力和血脂的影响及有关机制的研究. 南开大学硕士学位论文.
李光, 张宁, 雷勇, 等. 2010. 蜂蜡的现代研究. 中国医药导报, 7 (6): 11-13.
刘红云, 童富淡. 2003. 蜂毒的研究进展及其临床应用. 中药材, 26 (3): 456-458.
上海水产大学. 2008. 一种雄蜂蛹冻干粉冲剂及胶囊的制备工艺: 中国, CN101152239.
邵有全, 袁秀山. 1987. 雄蜂幼虫代谢规律的研究. 中国蜂业, (1): 8-9.
朱金明. 2004. 浅析蜂毒治疗高血压病的机理. 蜜蜂杂志, (11): 12-13.
朱运姣. 1995. 蜜蜂幼虫、蛹的加工与应用. 养蜂科技, (4): 28-29.

第八章　蜂产品生产加工过程质量安全控制

第一节　质量安全管理体系概述

蜂产品作为一种天然的滋补佳品，自古以来就受到人们的青睐，但近年来蜂产品出现造假掺假、兽药残留超标、重金属污染物超标、违规使用食品添加剂等一系列质量安全问题，使得消费者对蜂产品失去信心，面对品种繁多、功能各异的产品不敢选择。因此，规范蜂产品生产企业质量管理，加强蜂产品生产加工过程质量安全控制，提高蜂产品的质量安全性是当前促进蜂产品行业发展亟须解决的问题。

实施食品生产许可的蜂产品主要包括蜂蜜、蜂王浆（含蜂王浆冻干品）、蜂花粉、蜂产品制品。蜂产品生产企业一般以蜂蜜为主导产品，附以少量的蜂王浆、蜂花粉，也有企业单纯生产蜂蜜、蜂产品制品。不论企业的产品形态如何，企业首先应该做的是建立完善的质量安全管理体系，构建适合企业实际运作和产品特点的质量安全管理制度，找到控制生产过程质量安全的方式方法，进而生产出安全可靠的产品，才能在竞争日益激烈的市场中站稳脚跟。

放心安全的食品是生产出来的而非检测出来的，事先防范在食品生产过程中显得尤为重要，因此，食品生产企业应该建立贯穿于生产全过程的质量安全管理体系。企业应该策划质量管理体系，确定管理体系的范围，建立质量方针和质量目标，明确企业质量管理的方向。建立质量安全管理制度，凡事按照制度文件规定执行，这样便于规范程序、统一标准，避免人为的差错。作为食品企业，为能够更好地控制产品质量可采用危害分析和关键控制点质量过程控制方法，分析生产蜂产品的潜在危害及有效的预防控制措施，并运用于实际生产管理过程中。蜂产品涉及相关方有原料蜂蜜、蜂花粉、蜂王浆、辅料和添加剂的生产商，中间贸易商，运输和仓储经营者，生产设备设施制造者，清洁剂和消毒剂生产者，包装材料生产者，服务提供者等，企业评价相关方建立合格供应商名录，与合格供应商进行沟通，通过危害分析找到食品中潜在的生物、化学或物理性食品安全危害，并针对相应危害建立形成文件的危害控制措施，将危害降至可接受水平。影响食品生产全过程产品质量的因素包括人员、设备设施、原辅料、生产工艺方法、生产环境、检测等因素，通过构建质量管理体系控制好人、机、料、法、环就能生产出质量稳定可靠的产品（周萍等，2007）。

第二节　生产加工过程质量安全控制途径

蜂产品生产过程涉及产品设计、原辅料进厂、生产加工、产品出厂检测、产品交付完成等环节，每一环节都应建立有相应的控制途径，确保产品输入、加工、产品输出每一过程的质量安全（余林生等，2010；陈桂平等，2012）。

一、产品设计开发控制

在产品研发的初始阶段，企业必须收集相应的国家法律法规、产品标准、检验检测方法标准、车间厂房等要求相应的政策文件，确保所设计的产品能够符合国家相关要求。产品设计的风险在于产品定义、工艺的合理合规性，超范围超量使用食品添加剂。企业首先要明确设计产品的产品执行标准，蜂蜜、蜂花粉、蜂王浆都有相应的食品安全国家标准、国家标准或行业标准，企业可直接将其作为产品标准，蜂产品制品无相应标准，企业可以自行制定企业标准，但企业标准必须严于相应的国家标准并经卫生行政部门备案后使用。产品设计开发经验证后方可投入生产，另外厂房、车间、设备设施、检验检测等硬件和软件设计要严格遵守蜂产品生产许可审查细则的要求，这样企业才可顺利通过生产许可审查获得蜂产品生产许可资质展开生产。

二、厂房及车间控制

蜂产品厂房的设计应能满足产品品种、产量的要求，生产车间及辅助设施的设置应按生产工艺及卫生控制要求，有序合理布局，根据生产流程、生产操作需要和清洁度的要求进行有效分离或分隔，避免交叉污染。由于蜂蜜、蜂花粉、蜂王浆、蜂产品制品生产工艺、产品特性、所需设备设施不同，因此各产品车间设置是独立的，洁净区的划分亦不同。具体产品车间控制要求由产品特点决定。

（一）蜂产品常见生产车间及清洁作业区划分

蜂产品生产车间一般都分为清洁作业区、准清洁作业区和一般作业区，蜂产品常见生产车间及清洁作业区具体划分见表 8-1。

蜂蜜生产车间未设置清洁作业区，仅划分了准清洁作业区和一般作业区，这是因为蜂蜜本身是一种高糖高渗的产品，产品本身不易于滋生微生物，只要控制好加工环境的卫生即可。蜂蜜及其制品生产车间地面及墙面应易于清洗并保持清洁，地面排水设施畅通、便于清洁维护。

表 8-1　蜂产品常见生产车间及清洁作业区划分表

蜂产品类别	清洁作业区	准清洁作业区	一般作业区
蜂蜜		融蜜间、过滤间、浓缩间、内包材清洁消毒间（单独设置）、灌装间（单独设置）等	投料间、周转桶清洗间、外包装间、原辅料库、包装材料库、成品库等
蜂王浆（含蜂王浆冻干品）	蜂王浆：过滤间、灌装间、内包材清洁消毒间等； 蜂王浆冻干品：过滤间、冷冻干燥间、粉碎间、成型间、内包装间、内包材清洁消毒间等	解冻间等	外包装间、原料冷库、辅料库、包装材料库、成品冷库等
蜂花粉	内包装间、内包材清洁消毒间等	除杂间、粉碎间、干燥间、杀菌间等	外包装间、原辅料库、包装材料库、成品库等
蜂产品制品	根据企业实际生产工艺确定，一般为：内包装间、内包材清洁消毒间等	根据企业实际生产工艺确定，一般为：原料处理间、配料间、混合加工间等	根据企业实际生产工艺确定，一般为：外包装间、原辅料库、包装材料库、成品库等

（二）车间入口防护

生产车间入口处应设置更衣室，洗手、干手和消毒设施，换鞋（穿戴鞋套）或工作鞋靴消毒设施。生产车间应采取有效措施（如纱帘、纱网、防鼠板、防蝇灯、风幕等），防止虫害、鼠害等侵入。蜂产品甜度较大，易招蚊蝇，防蚊蝇设施一定要配备齐全并定期检查更换。

（三）清洁作业区卫生控制

蜂王浆、蜂花粉、蜂产品制品的清洁作业区对空气洁净度等级无具体要求，但应对空间环境进行清洁消毒，可采用紫外线照射或臭氧等方式定期消毒。蜂王浆冻干品清洁作业区空气洁净度（悬浮粒子、沉降菌）静态时应达到 30 万级，企业应定期委托第三方对洁净区进行检测。日常维护控制按照相应级别洁净区控制要求进行。

（四）库房控制

蜂产品生产企业应具有与所生产产品的数量、储存要求相适应的仓储设施，配备通风和照明设施，依据存放物品特点必要时设有温、湿度控制设施，满足物料或产品的储存条件。企业一般应具备原辅料库、包装材料库、成品库等库房，各库房并非全部需要独立设置，若相互之间不存在交叉污染且储藏温湿度要求一致，可以同库房分区域存放。

蜂王浆（含蜂王浆冻干品）储存温度应控制在−18℃以下（常温储存产品除外）。蜂花粉生产企业以鲜花粉为原料的，应具备冷藏设施。

企业应建立库房管理制度，规定物品的接收、存放和出库，明确物品先进先出的原则，规定库房的卫生控制、温度湿度监控，按要求填写出入库清单、库房卫生检查表、库房温湿度监控表（适用于有温湿度要求的），定期盘点存放物品实时更新物料标识卡，做到账、物、卡相符。

三、生产设备材质及卫生控制

在食品生产、加工、储存、运输过程中与原料、半成品、成品直接或间接接触的所有设备与用具，应使用安全、无毒、无臭味或异味、耐磨损、防吸收、耐腐蚀且可承受反复清洗和消毒的材料制造，直接接触面的材质应符合食品相关产品的有关标准要求，否则易造成产品重金属超标。与蜂产品直接接触的设备为不锈钢材质，加工前后应及时清洗消毒。包装桶应符合相应食品包装标准要求。蜂蜜周转桶可使用包装钢桶或塑料包装桶，应符合相应食品包装标准要求。不得使用镀锌桶或盛装过农药、燃料油、食用油或其他化工产品的包装容器。企业如使用周转桶，应具备周转桶清洗消毒设施，采用蒸汽或热水等进行清洗、消毒。盛装蜂王浆的容器应使用生产用水刷洗干净，可用75%食用酒精消毒。蜂产品生产过程需要的滤材应选用无纤维脱落且符合卫生要求的，禁止使用石棉作滤材。粉碎、压片、整粒设备应选用符合卫生要求的材料制作。

企业应建立生产设备设施清洗消毒制度，规定各设备的清洗消毒方法、清洗消毒剂种类、剂量、频率、责任人、验证人，填写生产设备清洗消毒记录，确保按制度执行，保证生产设备的清洁卫生。

四、原辅材料控制

蜂产品生产企业应建立供方评价管理制度，定期对主要原辅料供方进行评价、考核，建立合格供应商名录，完善相关档案。原料蜂蜜、蜂花粉、蜂王浆的供应，应与原料供方签订质量协议，建立相对稳定的供应关系，在协议中应明确双方所承担的质量责任。鼓励企业自建产业基地或优先选择具有蜂源的供方。企业可以定期对供方进行实地检查，看供方的硬件设施和实际管理是否按照合同约定进行，若达不到要求应停止供货、责令整改，若问题严重应考虑予以淘汰，对供应商实施动态管理。企业采购部依据原辅料使用量制定采购清单、采购计划等形式的采购文件，经管理层相关人员签字批准后实施采购，确保采购过程受控。

鉴于蜂王浆原料存储需要低温保藏的特殊要求，应通过质量协议的方式明确蜂王浆供方采收后的存储及防护要求，在原料验收时查看相应的存储和防护记录。

虽然企业原辅料采购于经评价的合格供应商，但在原辅料进厂时要严格把关，把好进货查验源头关。企业应建立原辅料采购验收管理制度，确保采购的原辅料符合国家法律法规和标准要求。明确原辅料验收标准，确定查验内容，一般查看随货检验报告、标签标识等，对于需要自检的应通过质检科取样化验合格后进厂。企业严格按照原辅料采购验收制度规定进行验收，并认真填写原辅料进货查验记录，详细记录供方名称、联系人、联系方式、品种、数量、价格、采购时间等追溯信息。

五、生产过程控制

好的产品是经过一个个过程生产出来的，企业应基于过程方法原理建立生产过程管理制度，对生产过程中影响质量安全的环节进行管控，通过危害分析及关键控制点方法，将危害降至可接收水平，提高产品质量。企业应建立生产过程记录，包括各工序的具体操作记录、设备设施记录、工艺参数、产品批次等详细信息，便于发现问题及时追溯，找到问题所在。

（一）蜂蜜生产过程控制要求

蜂蜜生产过程关键控制点有：①原料质量控制；②真空浓缩环节时间、温度、真空度等参数的控制；③灌装（包装）环节卫生控制。

对于原料蜂蜜的控制应按照原辅料采购控制要求进行，但对于蜂蜜产品企业制度中还应明确蜂蜜原料蜜、半成品蜜存储时间的管理控制要求，并与终产品保质期相关联。保质期由企业根据原料及半成品的存储条件、存储时间、加工工艺等因素做产品稳定性试验综合确定。对于原料蜜集中收购、预处理（过滤、真空浓缩）的情况，应准确记录收购日期、加工日期等信息，原则上原料蜜、半成品蜜的存储时间不得超过 2 年。产品生产日期为产品的最终灌装日期。

蜂蜜含水量较高（与生产方式、空气湿度有关），在不影响蜂蜜基本成分或质量的前提下，采用真空脱水以便于蜂蜜的储存。由于原料蜂蜜属于季节性生产，有些企业采取原料蜜集中收购、经预处理及真空浓缩以延长储存期作为原料使用。对于需要真空浓缩工艺的，应制定真空浓缩环节温度、时间、真空度等参数的控制要求，并根据要求进行适当频率的监控。必要时应确保物料真空浓缩完毕后及时降温、冷却。

企业应建立设备设施清洗消毒管理制度，加强灌装环节卫生控制，包括灌装设备、地面、前面的清洗消毒控制要求。另外制度中还应明确对周转桶清洗、消毒的管理要求；对于使用周转桶的，应明确使用前和（或）使用后通过蒸汽或者热水等方式对周转桶进行清洗、消毒。对于使用包装钢桶的，还应明确内部涂层完整性的检查要求。填写生产设备设施清洗消毒记录。

（二）蜂王浆（含蜂王浆冻干品）生产过程控制要求

蜂王浆（含蜂王浆冻干品）生产过程关键控制点有：①原料质量控制；②蜂王浆加工过程温度、时间的控制；③蜂王浆冻干品加工过程温湿度控制；④灌装（包装）过程卫生控制。

原料质量控制和灌装过程卫生控制同蜂蜜，下面重点就加工过程的温湿度控制进行阐述。蜂王浆为高蛋白物质，并含有维生素 B 族和乙酰胆碱等，温度过高易破坏其活性物质，因此，加工过程中的温度的控制对保障蜂王浆的质量至关重要。蜂王浆从王台取出后应低温保存（温度不高于 4℃），并及时转移至–18℃以下温度的冷库或相应储存设施中。

解冻是在加工过程中将冷冻的蜂王浆在常温下放置一段时间使其自然解冻，为去除杂质、灌装做准备。原料蜂王浆解冻环节应严格控制解冻温度及时间，解冻温度应控制在 26℃以下，解冻时间不应超过 48h。从解冻完毕到完成加工不得超过 12h。

蜂王浆加工过程应严格控制环境温度，温度应控制在 26℃以下；蜂王浆冻干品加工过程还应控制环境湿度，相对湿度应控制在 45%以下。

（三）蜂花粉生产过程控制要求

蜂花粉生产过程关键控制点有以下 3 个：①原料质量控制；②蜂花粉灭菌过程控制；③包装过程卫生控制。

蜂花粉灭菌过程控制是控制产品质量尤为重要的环节，应采用适宜的灭菌方式，防止高温对产品造成的影响，可采用紫外线、微波、辐照等方式灭菌，辐照方式灭菌的应具有相应资质或委托具有资质的机构代为辐照。

（四）蜂产品制品生产过程控制要求

蜂产品制品生产过程关键控制点有以下 3 个：①原料质量控制；②配料环节添加剂的使用；③灌装（包装）过程卫生控制。

蜂产品制品原辅料控制及灌装过程卫生控制同其他产品，但是比较特殊的是该产品涉及食品添加剂和其他食品配料的使用。企业应建立配方管理制度，配方中所使用的原料应符合相关要求。配料过程应该严格按照配方的配比进行，严格称量物料，食品添加剂的称量应该双人进行复核验证，做好配料称量记录。使用的食品添加剂应可用于该类产品，符合 GB 2760 的规定，严禁超范围超量使用；使用的其他食品配料应为可用于普通食品的原料，其中蜂蜜制品（以蜂蜜为主料，添加其他辅料加工而成的蜂产品制品）禁止添加糖浆类辅料。

六、产品标签标识控制要求

蜂产品标签标识应该符合《食品安全国家标准 预包装食品标签通则》(GB 7718)、《食品安全国家标准 预包装食品营养标签通则》(GB 28050)及相关的国家规定。蜂花粉、蜂王浆产品有一定的生物活性成分，对人体有益，但是作为普通食品发证的产品企业不可夸大宣传其有防病治病的功效。

根据国家食品药品监督管理总局《蜂蜜的消费提示》，蜂蜜营养丰富，但是一岁以下的婴儿不宜食用蜂蜜。这是由于婴儿抵抗力较差，如果不慎食用了被肉毒杆菌污染的蜂蜜，肉毒杆菌容易在婴儿肠道中繁殖并产生毒素，从而引起婴儿肉毒杆菌中毒。建议企业在标签上标示该风险提示。

按照保健食品的标识管理规定，青少年不适宜服用蜂王浆，因为这一人群处在发育高峰期，体内的激素分泌处于复杂的相对平衡状态，服用蜂王浆有可能打破这种微妙的平衡，影响正常生长发育。企业应在蜂王浆标签上进行提示。

七、产品检验控制要求

企业检验包括原辅料检验、半成品检验、成品检验，企业应该建立产品检验管理制度，明确各种形式检验的具体要求，列明检验项目、检验方法标准、检验频次、检验人、负责人、校核人。企业可以自行检验，或委托具备相应资质的食品检验机构进行检验。

若产品执行标准中明确列明出厂检验要求及项目时，应按标准规定执行。当执行标准中未列明出厂检验要求时，企业制度中应依据食品安全国家标准明确产品的出厂检验项目。检验频次依据企业确定的产品批次分批检验。

企业应建立出厂检验记录，如实记录食品的名称、规格、数量、生产日期或生产批号、保质期、检验合格证号、销售日期及购货者名称、地址、联系方式等内容，记录内容设计全面以便于追溯。

八、产品追溯制度控制要求

企业可建立产品追溯制度，完善标识和质量安全信息记录，包括原辅料进货查验记录、生产过程记录、销售台账记录、出厂检验记录，原辅料、半成品和成品标识应清晰明确。建立健全以批次为核心的食品安全追溯系统。企业根据实际生产情况，合理划分生产批次，在质量体系管理文件中明确。以批号为标识，记录生产信息及与该批次生产相关的环境信息、设备信息、人员信息和出厂检验信息，便于产品出现质量问题后追溯。

在产品的接受、生产、交付使用的全过程，以适宜方法标识产品，明确产品的类别及检验状态，有需要时可实现追溯。当市场上产品出现问题，销售部、质量部、生产部人员应查阅生产记录情况，据销售记录产品名称、批号、规格、生产日期、检验合格证号找到对应批次检验记录、各工序的生产过程记录、该批次使用物料验收记录进行追溯。企业基本形成生产有记录、流向可追踪、信息可查询、质量可追溯的食品追溯体系，落实质量责任，找到解决方法，挽回损失。

蜂产品生产企业应提高企业生产过程质量安全管理控制的能力，寻找适合企业自身的质量安全控制措施，才能确保蜂产品的产品质量安全，让消费者放心，使企业得到长久持续的发展。质量安全涉及企业生产过程的方方面面，只有将危害分析贯穿到生产过程中，找到关键控制环节，采取预防控制措施，将危害控制在可接受的限值内，降低风险，才能不断提高蜂产品的产品质量。

参考文献

陈桂平, 杨琳芬, 张串联, 等. 2012. GMP 标准化与蜂产品安全. 全国蜂产品市场信息交流会, 49-50.

余林生, 吉挺, 张中印, 等. 2010. 生产与加工过程对蜂产品质量安全的影响. 中国蜂业, 61 (10): 45-47.

周萍, 孙建芳, 唐慧洋, 等. 2007. 谈谈蜂产品质量安全管理体系建设. 蜜蜂杂志, 27 (11): 23-25.